Sagar Chetiwal
Nand Kumar

O desafio urbano: Uma avaliação dos sistemas de transportes públicos

Sagar Chetiwal
Nand Kumar

O desafio urbano: Uma avaliação dos sistemas de transportes públicos

Transportes públicos na cidade de Jaipur

ScienciaScripts

Imprint

Cover image: www.ingimage.com

This book is a translation from the original published under ISBN 978-620-2-07877-1.

Publisher:
Sciencia Scripts
is a trademark of
Dodo Books Indian Ocean Ltd. and OmniScriptum S.R.L publishing group

120 High Road, East Finchley, London, N2 9ED, United Kingdom
Str. Armeneasca 28/1, office 1, Chisinau MD-2012, Republic of Moldova, Europe
Printed at: see last page
ISBN: 978-620-7-98628-6

ÍNDICE DE CONTEÚDOS

CAPÍTULO: 1 INTRODUÇÃO

1.1 ANTECEDENTES

A conetividade intra-cidades está a emergir como um sério desafio para os governos municipais urbanos devido ao ritmo acelerado da urbanização. As economias e a população que se desenvolvem nas zonas urbanas estão a expandir-se de acordo com um padrão de expansão urbana e de mobilidade das pessoas. Os serviços de mobilidade proporcionam uma ligação básica entre as casas e o local de trabalho e entre os utilizadores e os produtores de bens e serviços. A expansão da área e o rápido crescimento da população nas zonas urbanas exercem uma enorme pressão sobre os custos e os serviços de transporte urbano. Para aumentar a mobilidade, o transporte nas cidades é um sério desafio. Existem diferentes modos de transporte privados, públicos e intermédios.

Na maior parte dos países em desenvolvimento, os sistemas de transportes públicos são inadequados e insuficientes. Na Índia, o congestionamento do tráfego e a inadequação dos transportes públicos são os problemas mais óbvios com que se deparam os utilizadores e os responsáveis pelo planeamento dos sistemas de transportes urbanos. O fluxo de tráfego é perturbado pela mistura de veículos lentos e rápidos, pela invasão dos espaços rodoviários, pela insuficiência de lugares de estacionamento e pela indisponibilidade de transportes públicos rápidos, fiáveis e de confiança. Anteriormente, partia-se do princípio de que o aumento das faixas de rodagem e os esquemas de gestão orientados para o fluxo de tráfego motorizado sem descontinuidades eram a única opção viável para aliviar os serviços de transporte de passageiros. A experiência das cidades dos países desenvolvidos mostra que não é possível conceber redes rodoviárias e meios de transporte totalmente livres de congestionamentos nas regiões urbanas. Por conseguinte, a ênfase das estratégias de planeamento dos transportes centra-se hoje em dia na circulação de pessoas, bens e bens móveis em vez de automóveis nas regiões urbanas.

Os transportes não motorizados (TNM) e os transportes públicos (TP) são meios de deslocação ou de deslocação para uma grande parte da sociedade urbana. Há um aumento da mudança para os modos motorizados personalizados devido à deterioração das condições das vias pedonais e dos serviços de transportes públicos. No cenário atual, cerca de 35% da população das metrópoles indianas viaja através de meios de transporte personalizados e estamos a lidar com enormes problemas de tráfego, transportes e ambiente. As zonas urbanas vão ter um problema enorme, uma vez que cada pessoa tem o seu veículo personalizado. A integração dos modos de transporte público pode satisfazer as necessidades de mobilidade numa zona urbana. Continua a ser necessário um sistema de transportes públicos eficiente para resolver diferentes problemas de transportes urbanos e reduzir a procura de modos personalizados. O planeamento de um sistema de trânsito rápido com serviços fiáveis e frequentes é um passo em direção a um possível cenário futuro de transportes sustentáveis. Os modos de transporte sustentáveis são considerados como substitutos dos modos de transporte público. Os transportes públicos, graças aos avanços tecnológicos, estão a tornar-se uma saída para os problemas de tráfego e congestionamento e são acessíveis em termos de preço, espaço e produtividade de activos. Muitas cidades indianas propuseram MRTS (ferroviário) e BRTS (rodoviário) para resolver os problemas de transporte e Jaipur é uma delas. Assim, este estudo tem por objetivo analisar o sistema de transportes públicos rápidos de Jaipur.

1.2 IDENTIFICAÇÃO DO PROBLEMA

O Relatório Global das Nações Unidas de 2012 sobre os aglomerados humanos revela que a maioria dos países em desenvolvimento está a registar um rápido crescimento urbano e um número crescente de veículos motorizados. Os transportes urbanos são uma fonte de emissão de gases com efeito de estufa e causam problemas de saúde devido à poluição, pelo que os transportes públicos são a única solução. De acordo com o relatório do Ministério dos Transportes Urbanos de 2010, a situação dos transportes numa grande parte das cidades metropolitanas está a intensificar-se rapidamente devido ao baixo nível de transportes e ao aumento dos pedidos de deslocação. Os padrões de aumento da população e da urbanização expandiram um movimento veicular que provocou obstrução da atividade nas ruas e contaminação do ar. A Política Nacional de Transportes Urbanos de 2014 afirma que, nas zonas urbanas, o crescimento da população e das oportunidades económicas agravou a densidade de veículos nas estradas e, por conseguinte, o congestionamento de veículos é agora o problema principal no mundo moderno. Para além disso, há cada vez mais atrasos no tempo de viagem, acidentes e nível de poluição. Tal como outras cidades metropolitanas, Jaipur também se debate com o problema dos transportes. Para resolver o problema, foram iniciados serviços de transportes públicos rápidos de massa, como o metro e o sistema de trânsito rápido de autocarros (BRTS). Os projectos do metro e do BRTS começaram a ser desenvolvidos em fases na cidade de Jaipur. Estes projectos estão concluídos em algumas partes e em curso noutras regiões da cidade. No entanto, o relatório do plano global de mobilidade (CMP) e o relatório sobre os transportes sugerem que estes projectos não são, neste momento, capazes de tratar dos transportes urbanos e que a transferência modal não é a esperada. Por conseguinte, há problemas no planeamento ou no funcionamento do sistema de transportes públicos rápidos na cidade de Jaipur, pelo que é necessário avaliar o sistema de transportes públicos para resolver os problemas.

1.3 PROBLEMA DE INVESTIGAÇÃO

Com base nestes antecedentes, foram identificadas as seguintes questões de estudo para a investigação. As respostas às questões permitirão uma melhor compreensão do conceito de tendências, que constitui uma solução para os problemas existentes no planeamento dos transportes públicos. As questões são as seguintes:

Questão 1: Como devem ser analisados os sistemas de transportes públicos para uma melhor compreensão da conetividade intra-cidades?

Pergunta 2: Quais são os factores que afectam a qualidade dos serviços de transportes públicos nas zonas urbanas?

Questão 3: Os clientes estão satisfeitos com os serviços de transportes públicos?

1.4 NECESSIDADE DE ESTUDO

De acordo com a Política Nacional de Transportes Urbanos de 2014, todas as cidades indianas enfrentam o desafio do aumento da população e das oportunidades económicas. Todas as cidades indianas com mais de um milhão de habitantes estão a enfrentar graves problemas de transportes urbanos. O crescimento da população e da economia intensificou a massa de veículos nas estradas, levando ao congestionamento de veículos. Este congestionamento de veículos está a aumentar os atrasos no tempo de viagem, os acidentes e o nível de poluição em todas as cidades indianas com mais de um milhão de habitantes. Jaipur é uma das mais de um milhão de cidades que enfrentam todos estes problemas de transporte. Para resolver estes problemas, foram iniciados nos últimos anos sistemas de transportes públicos como o BRTS e o metro. A cidade continua a enfrentar problemas de transporte após a entrada em funcionamento destes projectos de transportes públicos. O Metro está a funcionar abaixo da sua capacidade e os BRTs estão a funcionar acima da sua capacidade na zona. No caso do Metro, a transferência modal de veículos personalizados para o Metro não é significativa como se esperava no planeamento. Os utentes não estão satisfeitos com o serviço dos sistemas de transporte público e o nível de acessibilidade é baixo, pelo que é necessário avaliar os sistemas de transporte rápido de massas. O estudo tem por objetivo avaliar a situação atual do sistema de trânsito rápido e as orientações disponíveis na cidade de Jaipur.

1.5 OBJECTIVO E OBJECTIVOS DA INVESTIGAÇÃO

1.5.1Objetivo

T estudo tem por objetivo avaliar os sistemas de transportes públicos na cidade de Jaipur, com referência parcial aos corredores MRTS e BRTS.

1.5.2Objectivos

Seguem-se os objectivos identificados para a realização do objetivo acima referido:

- Estudar e identificar os parâmetros de controlo para avaliar o sistema de transportes públicos.
- Estudar e analisar o sistema de transportes públicos existente na cidade de Jaipur.
- Sugerir estratégias para tornar eficientes os sistemas de transportes públicos na área de estudo.

1.6 ÂMBITO E LIMITAÇÕES

1.6.1Âmbito de aplicação

O objetivo deste trabalho é desenvolver uma compreensão da avaliação do sistema de transportes públicos e categorizar os parâmetros de controlo, ou seja, a forma como podem ajudar ou melhorar o sistema de transportes públicos de uma determinada cidade. Este estudo contribuirá para identificar a satisfação do cliente com as instalações de transportes públicos na cidade de Jaipur. O estudo também verifica as instalações de transportes públicos com base em parâmetros de referência para a cidade de Jaipur.

1.6.2Limitação

A restrição neste trabalho centra-se principalmente no MRTS, BRTS e não considera outros sistemas de transportes públicos. O estudo restringe-se aos trajectos que estão ligados pelo MRTS e pelo BRTS. O estudo da conetividade da última milha de toda a cidade de Jaipur não foi efectuado. Não foi efectuado o estudo de outros modos de transporte público.

1.7 GRÁFICO DA METODOLOGIA

O quadro metodológico adotado para o estudo está indicado na fig. n. 1.1.

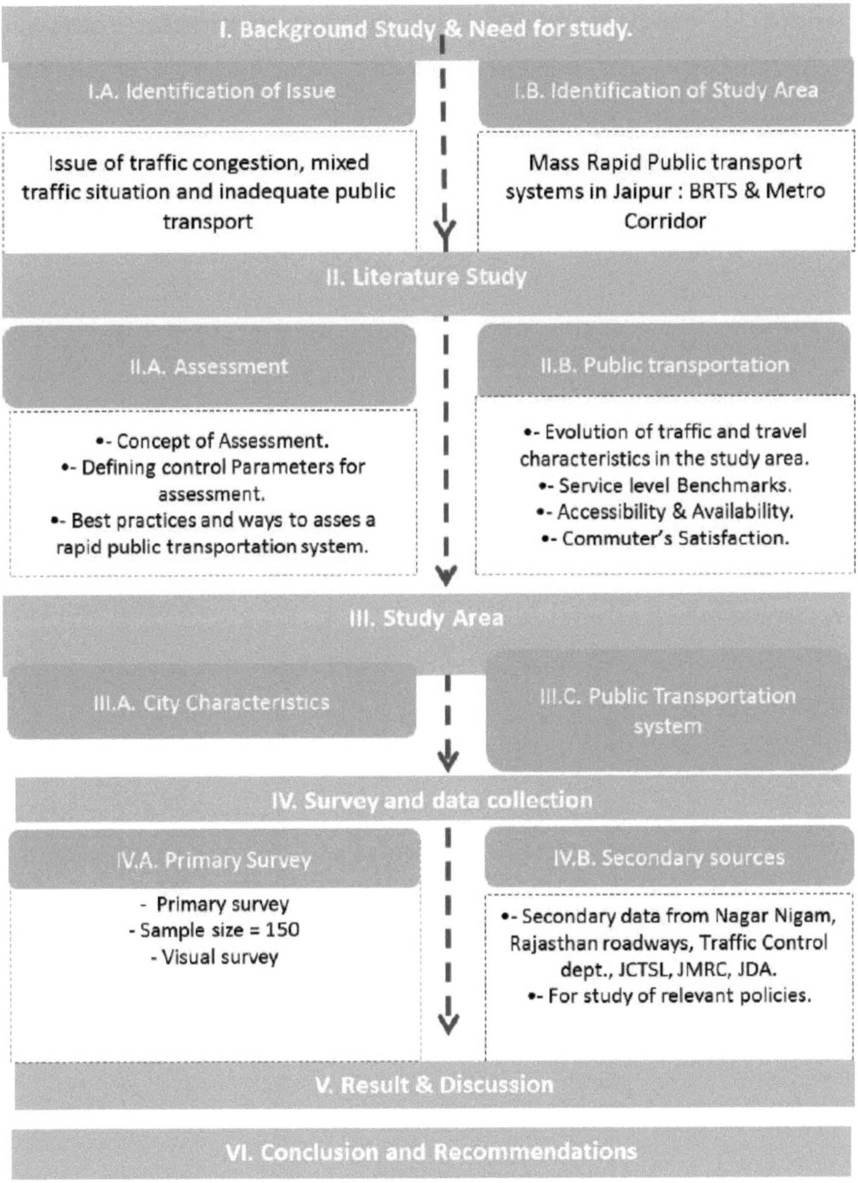

Figura 1. 1 Gráfico da metodologia

Fonte: Autor

1.8 RESULTADOS ESPERADOS

A investigação é suscetível de fornecer explicações sobre os métodos de avaliação da disponibilidade dos atributos do serviço, da acessibilidade e da satisfação dos clientes dos sistemas de transportes públicos. Será útil para compreender o conceito de avaliação comparativa dos atributos do serviço, disponibilidade e acessibilidade e satisfação do cliente para o sistema de trânsito rápido e de transportes.

CAPÍTULO: 2 ORGANIZAÇÃO DO ESTUDO

2.1 AVALIAÇÃO

A avaliação é a recolha sistemática, a análise e a utilização de informações para tirar conclusões sobre um tema selecionado. É também o processo de recolha e discussão de informações, estatísticas ou factos de fontes diversas e múltiplas para fazer ou desenvolver uma compreensão profunda de um tópico selecionado. É o processo de descrever, recolher, escolher, esquematizar, rever, analisar, interpretar e utilizar a informação para aumentar a aprendizagem e o desenvolvimento de qualquer sistema. Trata-se de uma revisão ou verificação exaustiva de uma infraestrutura ou serviço de transportes existente, com base em vários parâmetros e factores como a qualidade do serviço, o desempenho, a fiabilidade, etc., a fim de retirar conclusões para tornar o sistema de transportes mais eficiente ou optimizado.

Uma vez que os transportes, os sistemas ou os projectos são criados através de investimentos avultados, a sua avaliação é feita para verificar a sua eficácia. Para descobrir os parâmetros que influenciam e optimizam a utilização do sistema ou projeto de transportes. Para avaliar estes parâmetros críticos para monitorizar e otimizar um sistema ou projeto de transportes. Para estudar os parâmetros que influenciam a qualidade, o desempenho, a fiabilidade, etc. de um sistema ou projeto de transportes.

2.2 TRANSPORTES URBANOS

Urbano e transporte são os termos que se combinam e formam o Transporte Urbano. A palavra áreas urbanas é categorizada como densidade: de pessoas, actividades e estruturas e a palavra transporte é definida como o movimento de bens e serviços. Assim, o termo "Transporte Urbano" pode ser definido como a capacidade de lidar com esta densidade enquanto se deslocam pessoas e mercadorias. As zonas urbanas são centros concêntricos de actividades como a economia, a educação, o trabalho, as compras, etc., que são apoiados por diferentes sistemas de transporte.

2.2.1Transportes urbanos espaciais

O nível de mobilidade da cidade está interligado com o solo urbano afetado aos transportes. Anteriormente, 10% do solo da cidade era dedicado ao transporte, mas devido ao número crescente de veículos personalizados e públicos, o solo dedicado aumentou para 25%. As partes significativas da conceção espacial dos transportes urbanos são:

a) Transportes pedonais e não motorizados.

b) Estradas e parque de estacionamento

c) Sistemas de trânsito como o Metro e o BRTS.

d) Terminais de transporte como aeroportos ferroviários, portos, etc.

A importância espacial destes transportes é diferente consoante alguns factores de utilização do solo, densidade, atividade, etc.

2.2.2Desafios nos transportes urbanos

Os problemas de transporte surgem nas cidades quando estes sistemas de transporte não conseguem satisfazer as necessidades de mobilidade da população urbana. O trabalho e a produtividade nas cidades são altamente dependentes da disponibilidade, qualidade, quantidade e eficiência do sistema de transportes. De acordo com a Política Nacional de Transportes Urbanos de 2014, os problemas ou desafios mais notáveis dos transportes urbanos estão listados na Tabela 2.1 abaixo:

Quadro 2.1 Desafios nos transportes urbanos

S.N.	Problemas identificados
1	Insuficiência dos transportes públicos
2	Deslocações pendulares mais longas
3	Congestionamento do tráfego e dificuldades de estacionamento
4	As dificuldades são para os transportes não motorizados
5	Impactos ambientais e consumo de energia
6	Perda no espaço público
7	Custos de manutenção elevados
8	Acidentes e segurança
9	Distribuição de mercadorias
10	Consumo de terras

Fonte: Relatório NUTP 2014

A figura n.º 2.1 abaixo mostra o ciclo do processo interminável de aumento da expansão para o congestionamento do tráfego.

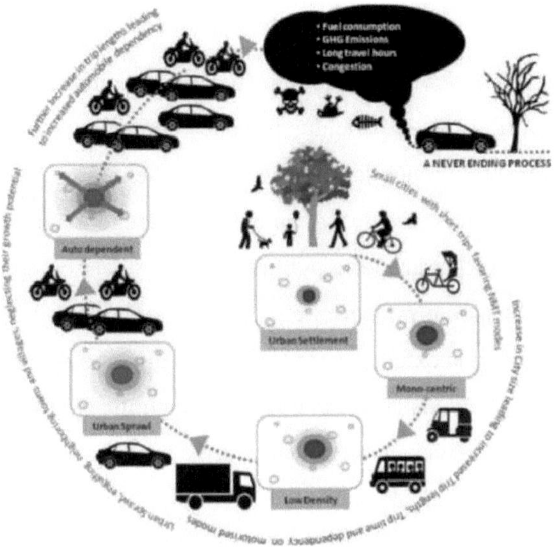

Figura 2.1 Desafios nos transportes urbanos

Fonte: Manual de Transportes da MW

2.2.3Modos de transporte

Os modos de transporte são um segmento básico das estruturas de transporte, que são os métodos de versatilidade ou mobilidade. Em termos gerais, são classificados de três formas: transporte aéreo, aquático e terrestre.

2.3 TRANSPORTES PÚBLICOS NAS ZONAS URBANAS

2.3.1Importância dos transportes públicos

Nas zonas urbanas, com o aumento da população, a procura de transportes públicos está a crescer, uma vez que nem todos os habitantes da cidade podem comprar um veículo personalizado. Este facto leva à necessidade de modos de transporte público sustentáveis e eficientes para combater os problemas de transporte urbano, como a inadequação dos transportes públicos, as deslocações pendulares mais longas, o congestionamento do tráfego e as dificuldades de estacionamento, os impactos ambientais e o consumo de energia, a perda de espaços abertos e a utilização dos solos.

Barter e Road (2000) afirmam que os modos de transporte público são considerados como amigos das zonas urbanas, uma vez que reduzem a utilização do solo, a necessidade de propriedade de veículos privados e diminuem a medida das viagens motorizadas.

Wright (2002) afirma que, à medida que as receitas aumentam nos países em desenvolvimento, a utilização de veículos privados aumenta, o que diminui o número de utentes dos transportes públicos. Estes países em vias de desenvolvimento enfrentam problemas como o congestionamento do tráfego e o aumento do tempo de deslocação. Os sistemas de transporte público rápido podem competir com os modos de veículos personalizados e podem obter consumidores de todas as partes de uma sociedade que utilizam uma extensa variedade de excursões nos vários períodos de um dia. Por conseguinte, um sistema de transportes públicos inteligente muito bem organizado tem de ser razoável em termos de preço e acessível a todos os grupos etários e a todos os sectores da sociedade.

2.3.2Sistemas de transporte rápido de massa

O sistema de transporte rápido de massa (MRTS) é um sistema de transporte público que transporta viajantes dentro e entre territórios urbanos. Destina-se ao limite elevado. No final do dia, é esse benefício básico para os viajantes urbanos que funciona no estado anormal de execução do cliente, particularmente nos tempos de viagem e no limite elevado de transporte de viajantes. Os transportes colectivos ajudam a reduzir os tempos de viagem através de sistemas amplamente disponíveis, veículos de viagem rápida, direitos de passagem legítimos, fundações, estruturas de acumulação de grandes passagens e métodos de carregamento e aterragem mais rápidos. Para uma estrutura produtiva, são necessários limites de transporte mais elevados, o que pode ser conseguido através de veículos maiores, transportes, várias disposições de veículos com serviços mais sucessivos.

As principais razões para propor um sistema de transporte rápido de massa são a redução da sobrelotação, o aumento da eficiência económica e a diminuição dos efeitos da distribuição do rendimento, a redução do tempo de viagem e a melhoria do acesso para viagens ou deslocações urgentes.

Os objectivos da proposta de um sistema de trânsito rápido de massas são reduzir o tempo de viagem, atrair o interesse de novos utentes, melhorar as associações entre os salários baixos e o bairro de melhoria das viagens e centrar-se nos locais de trabalho e de deslocação, proporcionar um limite de transporte alargado e um melhor funcionamento, integrar-se bem no sistema de transportes atual e planeado e enriquecer as perspectivas de desenvolvimento orientado para os transportes. As caraterísticas de um sistema de transporte rápido de massa são classificadas em cinco categorias: infra-estruturas físicas, estrutura empresarial e institucional, operações, tecnologia e marketing e serviço ao cliente. Os pormenores de cada classificação são apresentados no Quadro 2.2.

Quadro 2.2 Caraterísticas do sistema de transporte rápido de massa

Categorias	Caraterísticas
Infra-estruturas físicas	Vias segregadas com vias elevadas, ao mesmo nível ou subterrâneas, predominantemente no meio da faixa de rodagem.
	Existência de uma "rede" integrada de itinerários e corredores
	Estações de boa qualidade que sejam cómodas, confortáveis, seguras e protegidas das intempéries
	O acesso deve ser nivelado entre a plataforma e o piso do veículo
	Estações e terminais especiais para facilitar a integração física entre itinerários principais, serviços de ligação e outros sistemas de transporte coletivo
	Melhoria dos espaços públicos próximos.
0operações	Serviço rápido entre as principais estações (origens e destinos)
	Ampla capacidade para a procura de passageiros ao longo dos corredores
	Rapidez no embarque e desembarque,
	Cobrança de tarifas antes do embarque
	Integração das tarifas entre rotas, corredores e serviços de ligação.
Estrutura empresarial e institucional	Entrada no sistema restrita aos operadores prescritos no âmbito de uma estrutura comercial e administrativa reformada (ou seja, "sistema fechado")
	Processos de adjudicação de todos os contratos e concessões por concurso e totalmente transparentes,
	Uma gestão eficiente que resulte na eliminação ou minimização dos subsídios do sector público à exploração do sistema,
	Sistema de cobrança de tarifas gerido
	Controlo de qualidade por uma organização/agência independente.
Tecnologia	Tecnologias de veículos eléctricos de baixas emissões,
	Tecnologias de veículos com baixo nível de ruído
	Prioridade para o sinal ou separação de grau nas intersecções

Marketing e serviço ao cliente	Ferramentas de marketing para o sistema
	Prestação de serviços ao cliente
	Facilidade de acesso ao sistema e a outras opções de mobilidade urbana, como bicicletas a pé, táxis, transportes alternativos, veículos motorizados privados, etc.

Fonte: Kit de ferramentas CMP 2010

O sistema de transporte rápido de massas está classificado em três tipos: metro, transporte ferroviário ligeiro e BRTS. A definição dos diferentes tipos de sistemas de trânsito de massas em Metro, LRT e sistema de trânsito rápido de autocarro é dada abaixo, e são eles

- **METRO:** O metro é um sistema de transporte público de alta capacidade baseado em carris, como metro, subterrâneo, ao nível do solo ou elevado.
- **LRT:** O Light Rail Transit é um sistema de transporte público de alta capacidade numa via exclusiva.
- **SISTEMA DE TRANSPORTE RÁPIDO POR AUTOCARRO (BRTS):** Trata-se de um sistema de transporte rodoviário de alta capacidade, com separação de nível ou de nível igual, designado por sistema de autocarros de alta capacidade ou sistema de transporte integrado e sistema de auto-estradas.

A tecnologia **do Sistema de Trânsito Rápido de Massa (MRTS)** afecta o conforto e a segurança dos utentes, os tempos de viagem e as despesas com o transporte pessoal diário. A área de estudo da cidade de Jaipur inclui o Metro e o BRTS. O quadro 2.3 abaixo recomenda os requisitos da cidade para a opção MRTS adequada para uma cidade.

Quadro 2.3 Requisitos da cidade para a opção MRT

OPÇÕES MRT		
	Metro	**BRT**
C I T Y	De preferência, uma capital nacional/provincial ou um grande centro comercial regional	Cidades com uma área urbana de média a alta densidade
	Fluxos de transportes públicos existentes no corredor principal da ordem dos 10 000-15 000 passageiros por hora e por sentido, com mais de 15 km de comprimento de viagem	O BRT deve ser uma das primeiras considerações no desenvolvimento do sistema MRT em qualquer cidade.

<table>
<tr><td rowspan="7">REQUIRMENT</td><td>Rendimentos urbanos que não são baixos (normalmente, pelo menos, 1.800 dólares por pessoa)</td><td>Os sistemas BRT podem ser desenvolvidos como sistemas de troncos e como alimentadores de um sistema MRT existente (ou planeado)</td></tr>
<tr><td>Perspectivas de crescimento económico sustentado e de um centro em expansão</td><td>Adequado para cidades onde é necessário desenvolver um sistema MRT de forma rápida e progressiva, à medida que as condições e o financiamento o permitam</td></tr>
<tr><td>Existência de um alinhamento de metro de baixo custo</td><td>Deve estar disponível uma capacidade de gestão do planeamento do tráfego bem desenvolvida (pode ser introduzida inicialmente)</td></tr>
<tr><td>Política tarifária - uma política tarifária nos sistemas de metro e de autocarro para incentivar o número de passageiros, mas limitando a necessidade de apoio financeiro</td><td>As operações de autocarros e de transportes alternativos existentes podem ser regulamentadas/reestruturadas</td></tr>
<tr><td>Deverá estar disponível uma capacidade bem desenvolvida de planeamento/gestão do tráfego</td><td>O espaço rodoviário está disponível para o desenvolvimento do BRT (2-4 faixas de rodagem a partir das estradas existentes)</td></tr>
<tr><td>As operações de autocarros e de transportes alternativos existentes podem ser regulamentadas/reestruturadas</td><td></td></tr>
<tr><td>Uma gestão forte e largamente autónoma da região metropolitana, com objectivos claros</td><td></td></tr>
</table>

Fonte: Kit de ferramentas da CMP 2010

2.4 AVALIAÇÃO DOS TRANSPORTES PÚBLICOS

Trata-se de uma análise ou verificação exaustiva de uma oferta e organização de transportes públicos existentes, com base em vários parâmetros, a fim de retirar conclusões para tornar o sistema de transportes mais eficiente ou optimizado. Os principais factores são o controlo da qualidade dos serviços prestados aos passageiros, a satisfação do cliente (passageiro), a acessibilidade e a disponibilidade, o nível de serviço, a segurança na estação ou paragem e durante a viagem, o desempenho e a fiabilidade do serviço, o encaminhamento da rede, a capacidade, etc.

São estudados os parâmetros e os seus subparâmetros utilizados pelos diferentes autores que efectuaram uma avaliação do sistema de transportes públicos a nível mundial e indiano, e que estão resumidos na tabela 2.4.

Quadro 2.4 Lista de parâmetros para avaliação dos transportes públicos

N.º Sr.	Parâmetros	Sub-parâmetros	Autores
1	Controlo de qualidade dos serviços de passageiros	Segurança, desempenho em termos de pontualidade, acessibilidade, eficiência, prestação de informações, nível de serviço, tempo de viagem, frequência, conforto,	Yannis, Tyrinopoulos; Geórgia, Aifadopoulou; Ajay Pratap Singh, A. K. Sharma, Varun Singh, A. Sharma
2	Satisfação e preferências dos clientes	Anúncio, caraterísticas básicas e instalações, preferências futuras, segurança, proteção.	Patel, Bhoomi; Makwana, Trishna;
3	Acessibilidade	Medidas de acessibilidade baseadas na infraestrutura, acessibilidade baseada na atividade, acessibilidade baseada na utilidade	Parvathy Rajendran, V S Sanjay Kumar, Bindhu B.K
4	segurança e proteção	Distância da casa/escritório dos inquiridos da amostra à paragem mais próxima, Frequência de utilização	Olowosegun Adebola, Olorunfemi Samuell, Akinsehinwa Feyisola & Okoko Eno
5	Qualidade dos serviços	Nível de serviço, tempo de viagem, frequência dos autocarros, conforto, normas dos terminais, instalações das paragens de autocarro, nós de ligação	Alphonsus Nwachukwu ALI
6	Desempenho do serviço com base na opinião dos utilizadores.	Nível de serviço, Frequência, Tarifa, Segurança, Disponibilidade de lugares, Fiabilidade, Comportamento do pessoal , Velocidade, Estética interna, Entrada e saída	Ajay Pratap Singh, A. K. Sharma, Varun Singh, A. Sharma ?
7	Fiabilidade do serviço	parâmetros de desempenho, índice de pontualidade com base nos itinerários (PIR), índice de desvio com base nas paragens (DIS) e índice de regularidade com base nas paragens (EIS)	Xumei Chena, Lei Yua, Yushi Zhang , Jifu Guoc
8	Encaminhamento da rede e capacidade de serviço	Capacidade de lugares sentados, velocidade média de funcionamento, intervalo médio, frequência, cobertura do serviço, densidade da rede, espaçamento entre paragens de autocarro, sobreposição de itinerários,	David Niyonsenga Enschede,
9	Disponibilidade e acessibilidade	Capacidade, frequência, cobertura	Vimal Gehlot, b.l. Swami , M. parida, Pavan kalla
10	Satisfação dos passageiros	acessibilidade das paragens, espera por uma ligação e transferibilidade , Segurança, Acessibilidade, Capacidade, Pontualidade, Confortável,	Ivana Olivkova, Adris.A.Putra, Jinca, M. Yamin, Bambang Riyanto, Agus Taufik Mulyono4
11	Avaliação dos serviços	Zona de influência, Serviços de alimentação e bilhete integrado, Bagagem, Estacionamento	Mukti Advani, Geetam Tiwari

Fonte: Autor

Destes factores, este estudo centrou-se principalmente na satisfação do cliente, no nível de serviço e na acessibilidade. Tal como na área de estudo, há uma mudança para os modos personalizados e as razões identificadas devem-se à diminuição da satisfação do cliente, da fiabilidade do serviço e do nível de acessibilidade, tal como referido no Plano de Mobilidade Urbana 2010 de Jaipur.

2.4.1Conceito de satisfação do cliente

Cliente: A expressão "cliente" tem a sua origem em "costume", que sugere "tendência". Qualquer comprador é um indivíduo específico que, de vez em quando, visita uma determinada loja, tornando-se uma tendência para comprar artigos específicos dessa loja e com quem o empresário precisa de manter uma relação para conservar o seu "costume", o que significa compras esperadas mais tarde. Os clientes são areias movediças. Pode voltar a uma cooperativa especializada do passado, quando quiser. Um cliente, que é sugerido da mesma forma que um cliente, comprador ou adquirente, é normalmente utilizado para mostrar a um comprador ou cliente atual ou potencial as consequências de um indivíduo ou associação. Isto acontece habitualmente através da compra ou aluguer de acções ou organizações. No domínio dos transportes abertos, um cliente pode ser descrito como alguém que tem uma tendência para utilizar as administrações dadas pelo gestor do veículo em detrimento de outros fornecedores de organizações na divisão de negócios. Nesta investigação, o cliente implica um homem que utiliza um sistema de transporte rápido de massas.

Satisfação: É um sentimento definitivo de bondade e paz que se determina após a satisfação de um desejo, necessidade ou vontade. Pode notar-se que, no presente estudo, os clientes que compreendem (concordam e concordam fortemente) com os anúncios do estudo demonstrarão níveis de satisfação do cliente.

Satisfação do cliente: Todas as associações circunspectas das circunstâncias actuais compreenderam o significado da fidelidade do consumidor. A fidelidade do consumidor é consagrada para qualquer empresa. Não é nenhum mistério o facto de ser muito menos exorbitante manter os clientes existentes do que conseguir novos clientes. Para numerosas associações, a fidelidade do consumidor será ela própria a medida do progresso. Extensivamente, "a lealdade do consumidor na medida expansiva é uma troca particular, o que significa que depende da experiência do cliente colhida no fornecimento interminável de uma administração específica. Outro grupo de indivíduos tem a ideia de que a lealdade do consumidor é agregada à luz da avaliação geral do encontro de administração (Jones &Suh, 2000)." A lealdade do consumidor é um ponto de referência entre os mais importantes que afectam a mudança notável na configuração do trabalho de qualquer associação, incluindo os bancos, para manter os seus clientes. A fidelidade do consumidor é o sentimento resultante captado pelo cliente depois de ter gasto o seu merecido dinheiro. Por outro lado, a desilusão surge no meio ou na sequência da obtenção de um serviço ou de uma administração decente por parte do cliente. Qualquer cliente concebível é constantemente duplamente desaprovado e está continuamente a contrastar (ENTRE) a execução real e esperada de qualquer artigo ou administração. A satisfação do cliente é o sentimento resultante da aquisição da administração, resultante da correlação entre a execução real e a esperada para o cliente (Altai, Kodadah, 2008). Giese e Cote, (2000, p.15) afirmam que não existe um significado institucionalizado de satisfação do cliente e deram a seguinte definição: "a lealdade do consumidor é reconhecida por uma resposta (psicológica ou emocional) que se relaciona com um ponto específico (ou seja, um encontro de compra, bem como o item relacionado) e acontece num determinado momento (ou seja, pós-compra, pós-utilização)". Esta descrição elucida que a satisfação do cliente é absorvida pela experiência de compra do comprador na loja geral, e isto é apoiado por "Cicerone et al., (2009, p.28) e Sureshchander et al., (2002, p.364) que confiam que o nível de satisfação dos clientes é a estimativa dos seus encontros, em geral, em todos os seus focos de apresentação numa associação de fornecedores". Um relatório entusiástico de "Huddleston et al., (2008, p.65) anunciou que se o encontro de compras celebra o cliente, então a satisfação está programada para acontecer. Isto sublinha, obviamente, que os produtos standard são uma pedra de toque na conclusão da compra e isto identifica-se com as lojas generalistas que oferecem artigos variados com qualidades diferenciadoras. Fornell, (1992, p.11) mostra a lealdade do consumidor como uma avaliação global pós-compra pelo cliente e isto é semelhante ao de Tse & Wilton, (1988, p.204) que caracterizaram a lealdade do consumidor como a reação de afundar ou nadar do comprador identificando-se com os contrastes óbvios entre as qualidades esperadas e os actos resultantes do artigo". Assim, a satisfação é o resultado final de qualquer esforço de compra, que pode ser surpreendente ou de encher o coração. Devido aos mercados, o conhecimento das compras é essencial para avaliar a fidelidade do consumidor. "Como indicado por Wicks & Roethlein, (2009, p.89), a satisfação do comprador pode ser cercada por um exame impressionante e esta investigação deve ser feita logo após qualquer cliente terminar suas compras, apenas para acertar o prego na cabeça. As associações que se esforçam por satisfazer os seus clientes reconhecem níveis de manutenção mais elevados e o céu é o limite a partir daí, uma vantagem notável devido à dedicação alargada dos clientes "Wicks & Roethlein, (2009, p.83)". Por conseguinte, para os clientes, a satisfação acaba por ser claramente obrigatória em todas as vias rápidas e secundárias da oferta e da compra. Isto pode ser uma tarefa enorme, e uma abordagem para o fazer é tentar conhecer as suas necessidades e a visão das provisões oferecidas pelos fornecedores de benefícios.

A qualidade é uma das principais medidas que são tidas em conta na avaliação da satisfação do comprador. A qualidade é a totalidade dos elementos e atributos de um artigo ou de uma administração que influenciam a sua capacidade de satisfazer necessidades expressas e inferidas. Os parâmetros identificados através da medição da satisfação dos passageiros e dos atributos de qualidade do serviço são apresentados no quadro n.º 2.5 abaixo:

Quadro 2.5 Descrição dos sub-parâmetros

S.N.	Parâmetro Descrição
1	Satisfação geral com os serviços públicos de transporte de autocarro
2	Lugares geralmente disponíveis nos autocarros
3	Espaço suficiente para as pernas nos autocarros
4	Frequência do serviço de autocarros
5	Pouco tempo de espera na paragem de autocarro
6	As instalações no interior dos autocarros estão em boas condições
7	As paragens de autocarro têm abrigos suficientes
8	A altura do teto dos autocarros é confortável
9	Os autocarros são bem conservados
10	Curta distância a pé dos passageiros até às paragens de autocarro
11	Disponibilidade de bancos suficientes nas paragens de autocarro
12	Número suficiente de autocarros na cidade

13	Preço do transporte acessível
14	Segurança dos passageiros a bordo
15	Não ter medo de ser roubado no autocarro
16	Os autocarros proporcionam um tempo de viagem curto
17	Condutores e condutores comportam-se bem
18	Os autocarros são limpos no interior

Fonte: Documento de investigação sobre a avaliação da satisfação do cliente na cidade de Abuja, Nigéria.

2.4.2Conceito de acessibilidade e disponibilidade

Muitos autores apresentaram diferentes definições de acessibilidade, como Hansen (1959), que definiu acessibilidade como "um potencial de interação", Burns (1979), que descreve como "a liberdade dos indivíduos de participarem em diferentes actividades", Bhat et al, (2001) descreve como "a facilidade de um indivíduo realizar um movimento do tipo desejado, num local preferido, por um modo preferido, e num momento desejado", Dalvi (2010) descreve como "a facilidade de utilizar um determinado sistema de transporte para chegar a qualquer atividade de uso do solo a partir desse local", Ersoy (2012) descreve como "a interação com a atividade ou actividades de tempo e local e a sua qualidade de acesso", e Liu & Zhu (2004) descreve "como a facilidade com que as actividades num local podem ser alcançadas a partir de outro através de um modelo de viagem específico".

A disponibilidade de transportes públicos torna-se mais vital por duas razões. A primeira é o estado anormal de utilização do automóvel particular e os seus resultados indesejáveis, como o aumento das substâncias nocivas para a camada de ozono, as emissões, o congestionamento do tráfego, a inércia física e o peso. A segunda é a regra da equidade. A questão da equidade é a forma como toda a sociedade pode utilizar um nível paralelo de perspetiva de viagem de conforto, custo e tempo. (Moria, Witten, McCreanor, & o'Sullivan, 2012).

Existem vários métodos para identificar a acessibilidade e a disponibilidade de um sistema de transportes públicos. Os principais atributos são o controlo do índice e do nível de acessibilidade e a área de cobertura.

- Para verificar o índice de acessibilidade de uma zona, o sub-parâmetro é a distância a pé.

- Para verificar os níveis de acessibilidade numa zona, os sub-parâmetros utilizados no estudo são o tempo de deslocação a pé da residência, local de trabalho ou local de trabalho até ao ponto de paragem de transportes públicos mais próximo.
- Para verificar a cobertura dos transportes públicos numa zona, os subparâmetros considerados são a capacidade de lugares, a frequência e a cobertura das paragens.

Dos diferentes métodos identificados, o Índice de Acessibilidade dos Transportes Públicos e o Nível de Acessibilidade do Sistema de Transportes Públicos (PTAL) são as medidas pormenorizadas e precisas da acessibilidade de um ponto à rede de transportes públicos, que têm em conta a atividade de deslocação a pé, o tempo de acessibilidade e também a disponibilidade do serviço. Assim, o PTAL e o PTAI são utilizados para calcular a acessibilidade dos transportes públicos. Para verificar a cobertura ou a disponibilidade, as pessoas desenvolvem o Índice de Cobertura de Transportes Públicos (PTCI).

2.4.3Índice de acessibilidade dos transportes públicos

No PTAI, é calculado com base na distância a pé das paragens de trânsito de uma pessoa, de acordo com o bairro. Os diferentes níveis de distância são apresentados de seguida:

Distância da paragem de transportes públicos para o nível de acessibilidade

Alta: Até 600 m. de caminhada

Médio: Até 800 m. de caminhada

Baixa: Até 1000 m. de caminhada

Pobres: Até 1200 m. de caminhada

Fonte: Yigitcanlar, Sipe, Evans & Pitot (2007)

Nota: O mapa pode ser desenhado com franjas circulares de raio 600, 800, 1000, 1200 para verificar o índice de acessibilidade de uma determinada zona a partir da paragem.

2.4.4Índice de cobertura de transportes públicos (PTCI)

É uma função da capacidade efectiva de lugares, da frequência e da cobertura das paragens. Pode ser calculado através do cálculo da capacidade, da frequência e da cobertura da rede de uma instalação de transporte. A fórmula para calcular estes factores foi desenvolvida por e é apresentada a seguir

Índice de Cobertura de Transporte Público (PTCI) = função (capacidade, frequência, cobertura da rede)

Índice de capacidade =

(Capacidade de lugares sentados* Número total de veículos* Comprimento do trajeto) / População total

Índice de frequência= Número total de veículos nessa zona.

Cobertura da rede= Número total de paragens / Área.

Pontuação global do índice de cobertura de transportes públicos (PTCI) = Pontuação da capacidade + Pontuação da frequência + Pontuação da cobertura

Nota: O índice de cobertura global mostra a quantidade de área que pode ser servida por transportes públicos.

2.4.5Nível de acessibilidade do sistema de transportes públicos

No nível de acessibilidade do sistema de transportes públicos (PTAL), o tempo acumulado de deslocação é calculado com base em duas componentes: da residência, do local de trabalho ou da localização até ao ponto de paragem de transportes públicos mais próximo. Para calcular o nível de acessibilidade do sistema de transportes públicos PTAL, é necessário calcular a frequência equivalente à porta de casa (EDF). A frequência equivalente à porta de casa (FDE) é definida tomando o percurso à porta de casa ou a uma distância pedonal admissível e considerando o tempo de acesso como um tempo médio de espera fictício, tal como acontece com o percurso.

A paragem e o tempo de espera na paragem para a chegada do serviço pretendido.

Tempo total de acesso = tempo de deslocação + tempo médio de espera

FED =30/Tempo total de acesso (minutos)

Índice de acessibilidade=FED máximo + (0,5 x Todos os outros FED)

Nota: Mas o PTAL tem a desvantagem de não ter em conta o destino dos serviços e de excluir os pontos mais distantes

Nota: A verificação do nível de acessibilidade é efectuada em diferentes locais do itinerário.

2.4.6Nível de serviço dos transportes públicos

Introdução: As dificuldades da área urbana na Índia estão a desenvolver-se rapidamente e as organizações governamentais a diferentes níveis estão a encontrar uma forma de colmatar as lacunas no transporte de benefícios. Um dos passos fundamentais para o efeito é a apresentação de quadros adequados para a administração de dados, a observação da execução e a avaliação comparativa.

Necessidade: Não foi reconhecido nas administrações municipais um quadro para medir a execução dos exercícios ou serviços de transportes urbanos e para os desenvolver. Desta forma, é fundamental que a disposição mínima essencial dos padrões de referência da operação seja regularmente compreendida e utilizada por todas as partes interessadas

2.4.7Serviços de transporte público

Demonstra o nível global dos serviços ou da gestão prestados pelas estruturas de transportes públicos no horário de ponta (das 8 às 12 horas e das 16 às 20 horas). Para esta análise, as estruturas de transportes públicos apenas incluirão as estruturas baseadas em transportes ferroviários ou em autocarros organizados. Os sistemas de transportes públicos são caracterizados por um ponto de partida e um ponto de chegada fixos, itinerários ou redes, horários, paragens e tarifas.

Para esta análise, os transportes públicos não têm em conta os transportes públicos intermédios (1PT), como os riquexós partilhados, os triciclos, os tempos, os táxis partilhados ou outros automóveis que proporcionem deslocações ponto a ponto. Os indicadores considerados no transporte público estão listados na tabela nº 2.6.

Quadro 2.6 Lista de parâmetros para as instalações de transportes públicos

S. Não.	Parâmetros
1	Presença de sistema de transporte público organizado na Área Urbana (%)
2	Disponibilidade de oferta de transportes públicos
3	Cobertura dos serviços de transportes públicos
4	Tempo médio de espera dos utentes dos transportes públicos (minutos)
5	Nível de conforto nos transportes públicos
6	% da frota de acordo com as instalações de especificação dos autocarros urbanos

Fonte: Relatório Benchmarking for Urban Transport 2010

O método de cálculo do nível global de serviço dos equipamentos de transporte público, tendo em conta os parâmetros, é apresentado no quadro 2.7:

Quadro 2.7 Cálculo para as infra-estruturas de transportes públicos

Nível de serviço	1. Presença de sistema de transporte público organizado na Área Urbana (%)	2. extensão da oferta disponibilidade de transportes públicos	3. Cobertura dos serviços de transportes públicos	4. Tempo médio de espera dos utilizadores de transportes públicos (minutos)	5. Nível de conforto nos transportes públicos	6. % da frota de acordo com as especificações para autocarros urbanos
1	>= 60	>= 0.6	>= 1	<=4	<= 1.5	75 - 100
2	40- 60	0.4 - 0.6	0.7- 1	4 - 6	1.5 - 2.0	50 - 75
3	20 - 40	0.2 - 0.4	0.3 - 0.7	6 - 10	2.0 - 2.5	25 - 50
4	< 20	< 0.2	< 0.3	> 10	>2.5	<= 25
Nível global de serviço das instalações de transporte público em toda a cidade						
LoS calculado = (LoS 1 + LoS 2 + LoS 3 + LoS 4 + LoS 5 + LoS 6 + LoS 7 e identificar o LoS global como indicado a seguir						

Fonte: Relatório Benchmarking for Urban Transport 2010

Os resultados calculados, que dão origem a comentários sobre as normas de serviço para os meios de transporte público de acordo com a avaliação comparativa, são apresentados no quadro n.º 2.8.

Quadro 2.8 Nível de serviço e resultados

Em geral LoS	Calculado LoS	Comentários
1	<12	A cidade dispõe de um bom sistema de transportes colectivos, muito difundido e facilmente acessível aos cidadãos. O sistema disponibilizado é confortável.
2	12 - 16	A cidade dispõe de um sistema de transportes públicos que pode necessitar de melhorias consideráveis em termos de oferta de autocarros e de cobertura, uma

		vez que muitas partes da cidade não são servidas por este sistema. A frequência dos serviços disponíveis pode necessitar de melhorias. O sistema disponibilizado é confortável.
3	17 - 20	A cidade dispõe de um sistema de transportes públicos que pode necessitar de melhorias consideráveis em termos de oferta de autocarros e de cobertura, uma vez que a maior parte das zonas da cidade não é servida por este sistema. A frequência dos serviços disponíveis precisa de ser melhorada. O sistema disponibilizado não é confortável, uma vez que apresenta uma sobrecarga considerável.
4	21-24	A cidade tem um sistema de transportes públicos muito mau/não organizado

Fonte: Relatório Benchmarking for Urban Transport 2010

2.4.8Velocidade de deslocação (motorizada e não motorizada)

A relação entre a velocidade dos veículos e os acidentes está bem estabelecida. Para além da segurança, a velocidade de deslocação traz outros benefícios, como o aumento da fluidez do tráfego e, consequentemente, a redução do congestionamento e dos atrasos, o que implica uma redução do custo de exploração dos veículos, menos tempo de deslocação e até níveis reduzidos de poluição e ruído. Por conseguinte, torna-se necessário medir as velocidades de deslocação na cidade, uma vez que estas definem o desempenho do sistema de transportes existente (veículos privados e transportes públicos). Esta medição acabaria por ajudar indiretamente a cidade no cumprimento dos objectivos a longo prazo e dos objectivos a curto prazo para um sistema de transportes sustentável e seguro. Os indicadores incorporados para esta análise são a velocidade de deslocação dos veículos pessoais e dos transportes públicos na zona, apresentados na tabela n.º 2.9.

Quadro 2.9 Indicadores de velocidade de deslocação

Nível de serviço	1. Velocidade média de deslocação dos veículos pessoais (KMPH)	2. Velocidade média de deslocação dos transportes públicos (KMPH)
1	>= 30	>= 20
2	25 - 30	15 -20
3	15 - 25	10 - 15
4	< 15	< 10
Nível global de serviço da velocidade de deslocação ao longo dos principais corredores em toda a cidade		
LoS calculado = (LoS 1 + LoS 2) e identificar o LoS global como indicado abaixo		

Fonte: Relatório Benchmarking for Urban Transport 2010

Os resultados calculados fornecem comentários sobre o nível de serviço para a velocidade de viagem (motorizada e de transporte de massa) ao longo dos principais corredores, de acordo com o benchmarking, e são fornecidos abaixo na tabela nº 2.10.

Quadro 2.10 Critérios de nível de serviço para a velocidade de deslocação

Global Los	Calculado Los	Comentários
1	2	Principalmente fluxo livre - movimento a velocidades médias de viagem geralmente cerca de 70% da velocidade de fluxo livre para os corredores principais.
2	3-4	Um pequeno aumento do tráfego provoca um aumento substancial do atraso na aproximação e, por conseguinte, uma diminuição da velocidade arterial.
3	5-6	Atrasos significativos nas aproximações e velocidade média de circulação igual ou inferior a 1/3 da velocidade do fluxo livre. Estas condições são causadas por uma combinação de uma ou mais razões, tais como uma elevada densidade de sinais, filas de espera extensas em intersecções críticas e uma temporização inadequada dos sinais.
4	7-8	Corredores principais com velocidades extremamente baixas, inferiores a 1/3 a 1/4 da velocidade do fluxo livre. É provável que haja congestionamento nas intersecções em locais críticos sinalizados, com atrasos elevados nas aproximações.

Fonte: Relatório de Benchmarking para os Transportes Urbanos 2010

2.4.9Serviço de Transporte Inteligente

Refere-se aos esforços para acrescentar dados e inovação em matéria de comunicação aos transportes numa estrutura e aos automóveis num conjunto de factores que normalmente são inconsistentes entre si, por exemplo, a vigilância do fluxo de tráfego, a informação dos passageiros, o sistema de posicionamento global (GPS), a sincronização de sinais para os transportes e o sistema integrado de bilhetes.

O método de cálculo do nível global de serviço para o serviço de transporte inteligente, tendo em conta os parâmetros, é apresentado no quadro 2.11:

Quadro 2.11 Indicadores do serviço de transporte inteligente

Nível de serviço	1. Disponibilidade de vigilância do tráfego (%)	2. Sistema de Informação de Passageiros (PIS) (em %)	3. Sistema de Posicionamento Global (GPS)/ Serviço Geral de Rádio por Pacotes (GPRS) (%)	4. Sincronização do sinal (%)	5. sistema integrado de bilhética (%)

1	>=75	>=75	>=75	>=75	>=75
2	50 - 75	50 - 75	50 - 75	50 - 75	50 - 75
3	25 - 50	25 - 50	25 - 50	25 - 50	25 - 50
4	< 25	< 25	< 25	< 25	< 25
Nível global de serviço (LOS) da utilização de sistemas de transporte inteligentes (ITS) em toda a cidade					
O LoS calculado = (LoS 1 + LoS 2 + LoS 3 + LoS 4 + LoS 5) e identifica o LoS global da seguinte forma					

Fonte: Relatório Benchmarking for Urban Transport 2010

Os resultados do nível global de serviço para o serviço de transporte inteligente, tendo em conta os parâmetros, são apresentados no quadro seguinte. 2.12:

Quadro 2.12 Resultados para LOS do serviço de transporte inteligente

Global Los	Calculado Los	Comentários
1	5-7	A cidade dispõe de instalações ITS adequadas
2	8-10	A cidade dispõe de instalações ITS que podem necessitar de algumas melhorias no que respeita ao sistema integrado de bilhética, à sincronização de sinais, ao GPS/GPRS, ao PIS, etc., uma vez que algumas partes da cidade não são servidas por este sistema.
3	11-15	A cidade dispõe de um mínimo de instalações ITS e pode necessitar de melhorias consideráveis em termos de sistema integrado de bilhética, sincronização de sinais, GPS/GPRS, PIS, etc., uma vez que muitas partes da cidade não são servidas por este sistema.
4	16 -20	A cidade não dispõe de instalações ITS adequadas.
Fonte: relatório enchmarking for Urban Transport 2010		

2.5 Resultados e conclusões

Este capítulo apresenta uma revisão exaustiva dos modelos de transporte anteriores e das abordagens utilizadas na análise da transferência modal. A revisão da literatura passada e atual leva a decidir o método de avaliação adequado para este estudo.

Em retrospetiva, estes estudos definem a metodologia e a abordagem para analisar o quadro de estudo dos sistemas de transportes públicos. Além disso, também fornecem diretrizes úteis para avaliar o nível de serviço, a acessibilidade e a satisfação do cliente com essa rede de transportes públicos.

CAPÍTULO: 3 PERFIL GEOGRÁFICO E SOCIOECONÓMICO DA CIDADE DE JAIPUR

3.1 INTRODUÇÃO

A cidade de Jaipur é a capital do estado de Rajasthan, na Índia. Situada na parte noroeste da Índia, é conhecida como a "CIDADE ROSA". Para além de ser uma das maiores cidades metropolitanas do país, é um famoso centro de educação, comércio e indústria. É a única cidade metropolitana do estado de Rajasthan. A cidade, para além de ser a capital do estado, é também um importante centro turístico de fama mundial.

3.1.1Evolução de Jaipur

Jai Singh II, o Rajá de Ameer que governou de 1688 a 1758, fundou a cidade de Jaipur em 1726. Pretendia mudar a sua capital de Amer para Jaipur, para fazer face ao desenvolvimento da população e à crescente escassez de água. A cidade tem o nome do marajá Jai Singh II, que foi o coordenador essencial desta cidade. Era um Rajput Kachhwaha e governou a região entre 1699 e 1744. Jaipur foi organizada de acordo com as normas do Vastu Shastra e do Shilpa Shastra por Vidyadhar Bhattacharya. O desenvolvimento da cidade começou em 1726 e demorou quatro anos a terminar as ruas, os locais de trabalho e os castelos. Jaipur é uma campeã entre as regiões urbanas de herança socialmente mais rica da Índia, criada no ano de 1727.

A cidade foi pintada de cor-de-rosa para receber o Príncipe de Gales, mais tarde Eduardo VII, em 1876. Um grande número de estradas ficou pintado de cor-de-rosa, dando a Jaipur um aspeto especial e o apelido de Cidade Cor-de-Rosa.

3.1.2Localização

A cidade de Jaipur situa-se a 431 m acima do nível médio do mar, a 26,92' de latitude norte e 75,82' de longitude leste. A região geológica da região de Jaipur tem 326 quilómetros quadrados. Jaipur tem um clima quente e seco, coerente com a zona climática do estado. A figura 3.1 mostra a localização de Jaipur e dos seus distritos adjacentes.

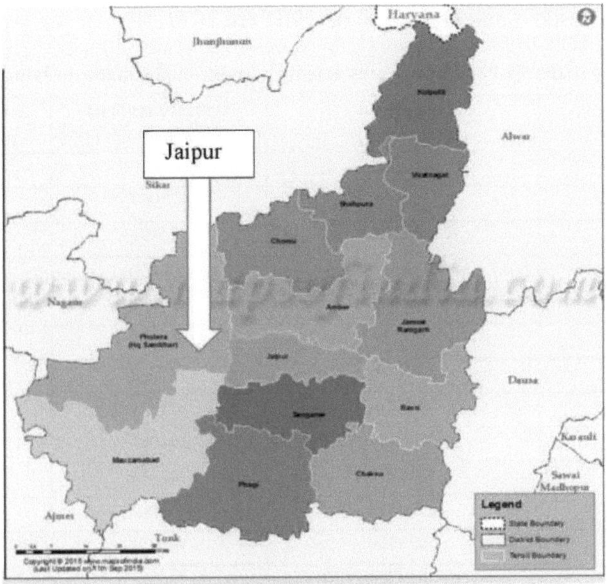

Figura 3.1 Mapa de Jaipur 2011

Fonte: Mapas da Índia

3.2 ÁREA URBANA E SUA DEMOGRAFIA

A região de Jaipur tem uma dimensão de 2940 km2 e inclui as seguintes unidades espaciais

• Jaipur Municipal Corporation (JMC), que inclui a cidade murada e o resto da Jaipur Municipal Corporation. A extensão da Corporação Municipal de Jaipur (JMC) aumentou de 200 km2 para 321 km2 em 2011. O crescimento da área urbana no ano de 1991 resultou da acumulação das tehsils de Sangner e Amber e em 2001 devido à adição das tehsils de Bagru, Bassi e Chomu à área municipal. (Plano Diretor de Desenvolvimento 2025)

• Resto da área da Jaipur Development Authority (JDA), que inclui as cidades-satélite e as aldeias. A área sob a jurisdição da JDA mantém-se inalterada desde 1991. (Plano Diretor de Desenvolvimento 2025)

De acordo com o censo de 2011, a população da região de Jaipur é de 3,1 milhões de habitantes e tem revelado um aumento consistente nos últimos 50 anos.

O quadro no. 3.1 abaixo mostra a população decadal, o crescimento e a percentagem de crescimento desde o ano censitário de 1901 até 2011.

Quadro 3.1 População e crescimento populacional Cidade de Jaipur

Ano	População	O crescimento da população (N.º)	Crescimento da população (%)
1901	160167	-	-
1911	137098	-23069	-14.40
1921	120207	-16891	-12.32
1931	144179	23972	19.94
1941	175810	31631	21.94
1951	291130	115320	65.59
1961	403444	112314	38.58
1971	615258	211814	52.50
1981	977165	361907	58.82
1991	1518235	541108	55.37
2001	2324319	865901	59.37
2011	3073350	749031	32.22

Fonte: Censo 2011, Governo da Índia

3.2.1 População e densidade

Jaipur tem uma população de mais de dez lakhs; por conseguinte, a Corporação Municipal de Jaipur funciona na área. Em 2011, a corporação municipal tinha 77 alas e, nas eleições municipais de 2014, a lista foi aumentada para 91.

A figura no. 3.2 mostra os limites dos 91 bairros da cidade de Jaipur emitidos pela JMC no ano de 2013.

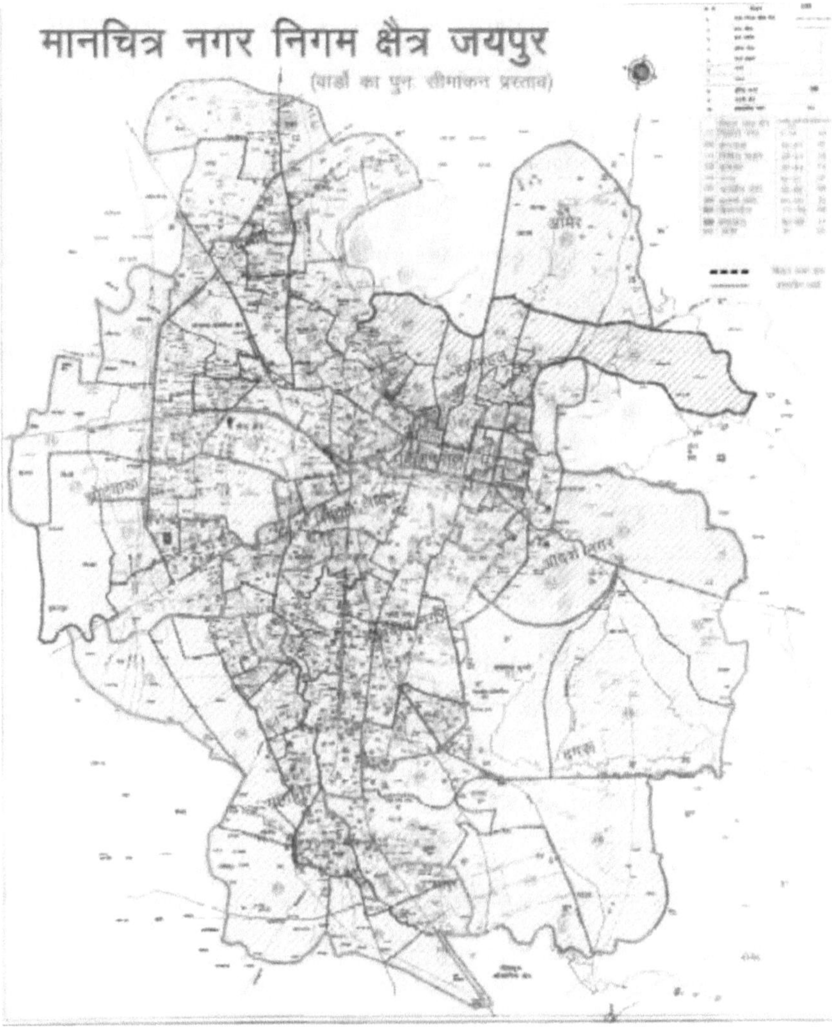

Figura 3.2 Mapa revisto dos bairros, 2013

Fonte: Relatório Nagar Nigam Jaipur, 2013.

3.2.2Utilização do solo

A cidade é uma substância viva que sofre constantemente alterações no que diz respeito ao padrão de utilização do solo, à estrutura social e financeira do seu território e, consequentemente, as alterações são óbvias nos seus arredores devido à sua natureza dinâmica. Um desenvolvimento urbano impreparado e caótico, sem medidas adequadas para o enquadramento e outras administrações parceiras, provoca uma emergência no enquadramento urbano. A Tabela 3.2 mostra que, em 1971, mais de dois terços (69,39%) da área urbana era território criado; a oferta de zonas criadas expandiu-se adicionalmente para cerca de nove décimos (86,52%) da região agregada no ano de 1991. Em todo o caso, no ano de 2011, cerca de dois terços (64,73%) do território urbano agregado foi criado. Além disso, verificou-se que a utilização de terrenos privados ultrapassa largamente as normas, enquanto todas as outras utilizações de terrenos estão muito abaixo das normas aprovadas. Esta tendência indica a existência de infra-estruturas inadequadas e a falta de oportunidades de emprego na área de estudo.

Quadro 3.2 Utilização do solo Jaipur 2011

Número de série	Utilização do solo	Área (Hectares)			Área (Percentagem da Área Desenvolvida)			
		1971	1991	20011	1971	1991	2011	Normas UDPFI
	Residencial	2023	6426	14000	50.00	62.80	66.22	35-40
	Comercial	138	384	730	3.40	3.80	3.45	4-5
	Industrial	287	1008	1600	7.10	9.90	7.57	10-12
	Governo	85	158	340	2.10	1.50	1.61	-
	Lazer	134	214	448	3.30	2.10	2.12	18-20
	Público e Semi Público	680	858	1200	16.80	8.40	5.68	12-14
	Circulação	700	1178	2203	17.30	11.50	10.42	12-14
	Utilização mista do solo	-	-	620	-	-	2.93	
	Área desenvolvida	4047	10226	21141	100.00	100.00	100.00	
	Área urbanizada em percentagem da área urbana total	69.39	86.52	64.73				
	Reservado ao Governo	805	692	701				
	Agricultura	399	271	6900				
	Vago & Não urbanizado	581	487	3396				
	Massas de água	-	142	520				
	Área urbana	5832	11818	32658				

Fonte: Autoridade de Desenvolvimento de Jaipur, MDP 2025.

A figura no. 3.3 mostra o mapa de uso do solo para o ano de 2011.

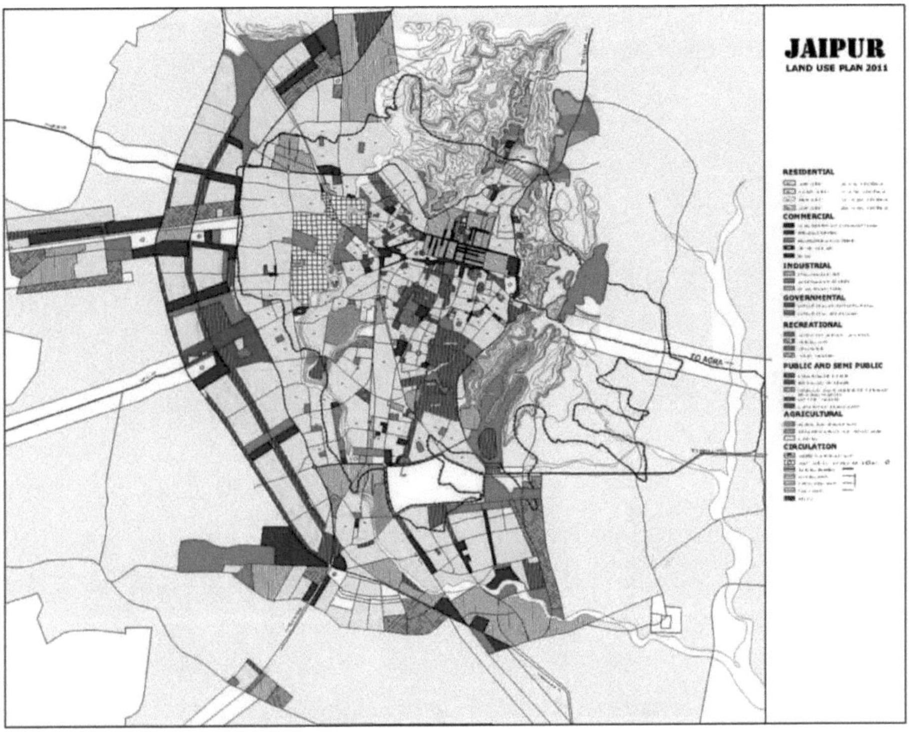

Figura 3.3 Mapa de utilização dos solos de Jaipur 2011

Fonte: Mapa de Uso do Solo, Plano Diretor 2011

A figura no. 3.4 mostra o mapa de utilização do solo proposto para o ano 2025 no último documento do plano diretor.

Figura 3.4 Mapa de uso do solo 2025

Fonte: Plano Diretor 2025

3.2.3Composição por sexo

A composição por sexo em vários anos é apresentada no quadro n.º 3.3 abaixo. Este quadro indica que a situação das crianças do sexo feminino tem vindo a melhorar nas últimas três décadas. A situação atual mostra que há novecentas e dez raparigas por cada mil rapazes.

Quadro 3.3 Composição por sexo em Jaipur

S. Não.	Ano	(Por 1000)
1.	1981	861
2.	1991	868
3.	2001	897
4.	2011	910

Fonte: Relatório dos Censos 1981, 1991, 2001, 2011

3.2.4Literacia

A taxa média de alfabetização de Jaipur em 2011 era de 75,51, em comparação com 69,90 em 2001. Na chance de que as coisas sejam observadas na orientação sexual perspicaz, a educação masculina e feminina foi de 86,05 e 64,02 individualmente. Para as estatísticas de 2001, os mesmos números permaneceram em 82,80 e 55,52 em Jaipur.

3.2.5Transporte

Os transportes são uma das principais infra-estruturas necessárias para o desenvolvimento económico. Jaipur está bem ligada ao resto do país pelas auto-estradas nacionais 8, 11 e 12, por via ferroviária e aérea

Crescimento e composição dos veículos

Desde a última década, o número de automóveis na cidade de Jaipur tem vindo a crescer a um ritmo alucinante. O aumento do estatuto socioeconómico dos residentes, a disponibilidade de financiamento fácil para automóveis, a falta de um sistema de transportes de massa adequado e a necessidade crescente de utilização de transportes para as actividades diárias resultaram no crescimento acentuado da propriedade de veículos na cidade. A taxa média de crescimento anual de automóveis em Jaipur é de cerca de 13% (Fonte: CMP, 2010). O aumento do número de automóveis registados num espaço rodoviário limitado levou à aglomeração e ao congestionamento das estradas. A estrutura funcional da população da cidade de Jaipur é uma das principais razões para o aumento do tráfego rodoviário. Com o aumento do número de trabalhadores da indústria, do comércio e do comércio, as distâncias diárias de deslocação são maiores, pelo que as necessidades de transporte da zona urbana aumentaram.

3.2.6Caraterísticas da viagem e do tráfego

a) Composição do tráfego: A composição do tráfego, de acordo com o DPR para o Metro, mostra que a percentagem de veículos de duas rodas oscila entre 50-70%, seguida de automóveis (13-20%), bicicletas (10-15%), transportes públicos (4-8%) e modos suplementares, incluindo riquexós e veículos de tração animal, que constituem 2-3% do fluxo total de tráfego rodoviário.

b) Quota Modal: Wilbur Smith Associates / Infrastructure Leasing & Financing Solutions Transportation Network) indicou que a proporção de transportes públicos é muito reduzida na zona urbana, como mostra a figura 3.5. Para além disso, as viagens geradas por deslocações a pé são consideravelmente elevadas na repartição modal.

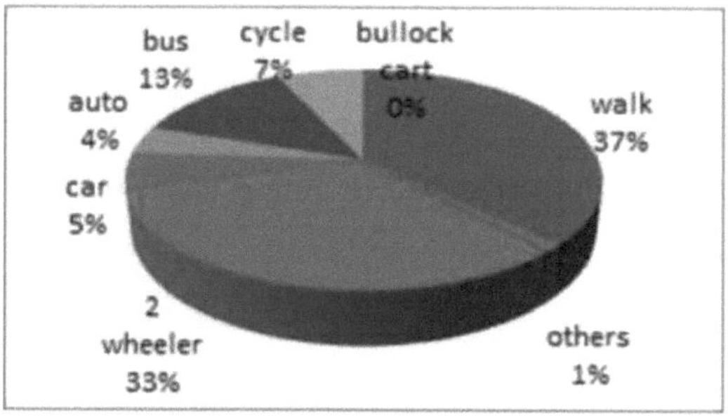

Figura 3.5 Quota modal de Jaipur

Fonte: Relatório CMP 2010 de Wilbur Smith

c) Velocidade e atraso: A velocidade média dos veículos nas estradas da cidade de Jaipur, de acordo com o Plano Diretor de Tráfego e Transportes Volume - I, varia entre 27-50 km/ph. No entanto, verificou-se que a velocidade dos veículos nas zonas muradas da cidade é comparativamente baixa, com uma velocidade média de deslocação entre 15 e 18 km/hora.

d) Duração da viagem: A duração média estimada para as deslocações em veículos particulares é de 8,9 km e para as deslocações em transportes públicos é de 8,7 km. (Fonte: DPR para assistência financeira ao abrigo do JNNRM Aquisição de autocarros para a cidade de Jaipur (Fase-II))

e) O objetivo da viagem: O número de viagens por motivos profissionais é o mais elevado, com 42%, seguido das viagens de negócios, com 28%. As viagens por motivos de educação representam 7%, as viagens sociais e recreativas 10% e outras 13%.

3.2.7Sistemas de transportes públicos em Jaipur

Os transportes públicos na cidade de Jaipur consistem em autocarros urbanos operados pela Jaipur City Transport Services Ltd. (JCTSL), o metro operado pela Jaipur Metro Rail Corporation (JMRC) e outros meios informais, como os riquexós automáticos, os automóveis partilhados, os automóveis Tonga e os riquexós a pedal.

3.2.8Jaipur City Transport Services Ltd. (JCTSL)

Esta organização foi iniciada no ano de 2008 como parte do programa Jawaharlal Nehru National Urban Renewal Mission (JNNURM) pela JDA (Jaipur Development Authority) e pela JNN (Jaipur Nagar Nigam) para a operação, controlo e regulação do sistema de transporte rápido de autocarros (BRTS) e do sistema de autocarros urbanos (CBS) na cidade de Jaipur. Inicialmente, o papel da JCTSL limitava-se a administrar e controlar apenas a operação dos autocarros BRTS.

Subsequentemente, após a obtenção do financiamento do Governo do Rajastão para a cidade de Jaipur, foi decidido que a JCTSL seria a organização nodal para o planeamento e a implementação dos serviços de autocarros da cidade de Jaipur, também de acordo com as orientações do MOUD, GOI. Após a racionalização das rotas, a JCTSL recomendou duas categorias de trajectos para Jaipur: Sete trajectos radiais e três circulares. As rotas existentes dos transportes públicos operados pela JCTSL estão bem distribuídas pela cidade, com uma elevada concentração em torno da zona central, como mostra a figura 3.6.

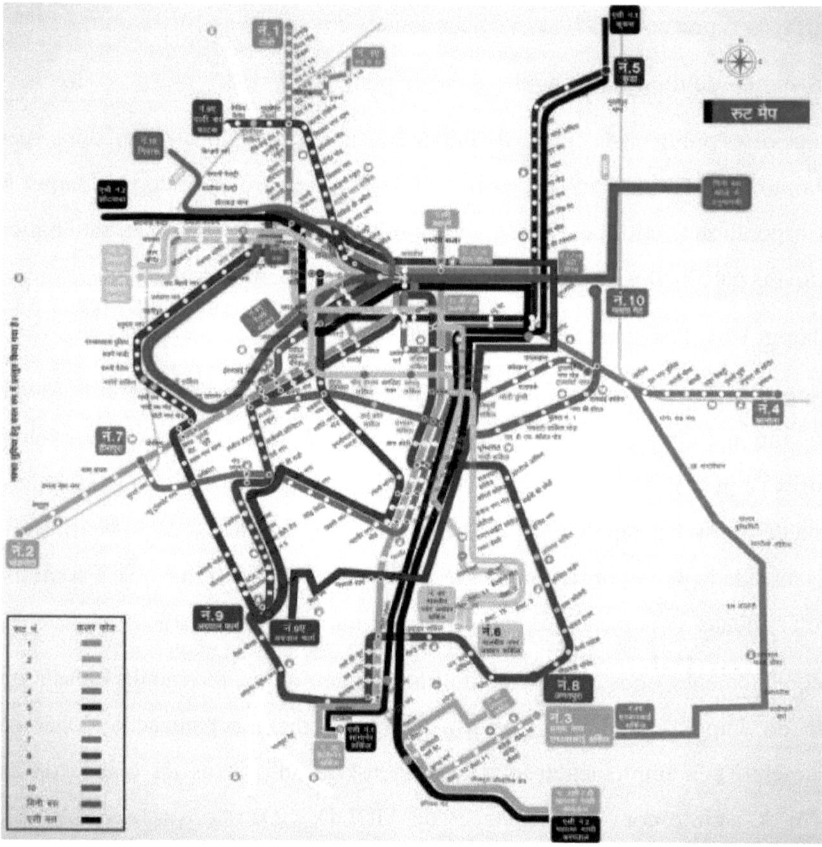

Figura 3.6 Mapa do percurso dos autocarros JCTSL

Fonte: Sítio Web do JCTSL -2016

Rotas radiais do JCSTL

A tabela no. 3.4 mostra os pormenores do itinerário radial abaixo

Tabela 3.4 Detalhe da rota radial dos autocarros JCTSL

Rotas radiais do JCSTL	
Rota n.º.	**Origem e destino**
Rota n.º 1	Choti a Badi Chopar
Rota n.º 1A	32 Dukan à estrada n.º 17 V.K.I.
Rota n.º 2	Bhankrota para Chandpole
Rota n.º 3	Pratap Nagar para Choti Chopar
Rota n.º 3B1	De Shyopur a Pannadhyay Circle
Rota n.º 3B2	Bharampuri para Gangori Bazar Chauraha
Rota n.º 3A	Estádio para a aldeia de Sanganer)
Rota n.º 4	Kanota para Sindhi Camp)

Rota n.º 5	Kunda para o coletor Chauraha
Rota n.º 5A	Aldeia de Pilitalai a Narad pura
Rota n.º 6	Malviya Nagar para Khirni Phatak
Rota n.º 7	Heerapura para Transport Nagar
Rota n.º 10	Portão de Galta para Joshi Marg, Jhontawara

Fonte: (Fonte: http://www.jaipurbus.com/route_map.html).

Percursos circulares

O quadro no. 3.5 apresenta os pormenores do itinerário circular

Quadro 3.5 Rotores circulares JCTSL BUS

Rota n.º.	Percurso circular
Rota n.º 8	Jagatpura para Jagatpura (Trajeto circular)
Rota n.º 9	Dadi ka Phatak para Dadi Ka Phatak (Trajeto circular)
Estrada n.º 9A	Khole Ke Hanuman Ji para Meena Petrol Pump)

Fonte: (Fonte: http://www.jaipurbus.com/route_map.html).

3.2.9Sistema de Trânsito Rápido de Autocarros

A Autoridade de Desenvolvimento de Jaipur é o gabinete nodal para a organização e execução da fundação BRT em Jaipur. Os transportes são efectuados pela JCTSL na passagem do BRTS. A utilização do BRTS estende-se em três fases, com uma extensão total de 46,7 km, dos quais 7,1 km estão a funcionar desde 2009. Os três corredores BRTS apareceram em linhas gerais.

O corredor I (C-Zone Bypass para Pani Pech usando a estrada de Sikar) com 7,1 km de comprimento, com 22 estações de transporte e direito de passagem (ROW) de 40-50 m, nove convergências notáveis, uma estrutura religiosa, interfaces privadas substanciais e territórios modernos e, consequentemente, tem o potencial para uma era de elevado movimento. O desenvolvimento desta via foi concluído no final de 2009 e, desde então, os transportes começaram a circular neste corredor.

O Corredor II (Pani Pech ao aeroporto de Sanganer, utilizando a estrada de Tonk), com cerca de 16 km de comprimento, tem uma coluna de 20-40 m, 17 pontos de passagem dignos de nota e contacto lateral médio a elevado, com uma estrada de rodagem e um viaduto existentes. O desenvolvimento desta via ainda não foi iniciado.

O Corredor III de Transport Nagar a Ajmer, com cerca de 13,35 km (comprimento sancionado), com uma linha de 18-35 m e 14 convergências notáveis no percurso, tem um elevado nível de obstrução ao longo da passagem. Serve os sectores institucional, comercial, cidade murada e escritórios privados.

Nota: Os corredores I e III do BRTS estão operacionais em algumas partes, uma vez que o desenvolvimento deste projeto é feito na fase =. O corredor I do BRTS está concluído de VKI até ao corredor III do BRTS

A figura no. 3.7 mostra as três rotas BRTS demarcadas no mapa da cidade de Jaipur:

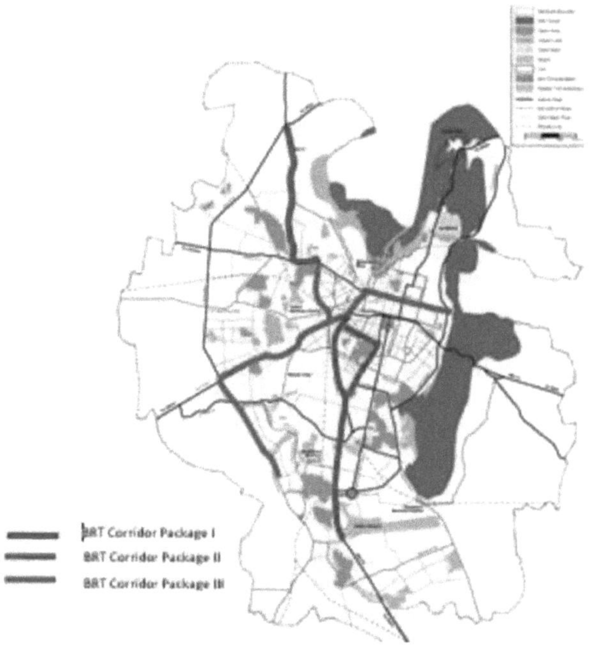

Figura 3.7 Mapa do corredor BRTS

Fonte: Relatório JDA, 2013

3.2.10 Empresa de metropolitano de Jaipur (JMRC)

Com a rápida industrialização e melhoria da atividade económica de Jaipur, aliada a uma população em desenvolvimento, verificou-se que a base de veículos da cidade estava a ser pressionada. Por conseguinte, a legislatura pensou na criação do Metro de Jaipur. Uma instituição chamada Jaipur Metro Rail Corporation Limited (JMRC) foi consolidada em 1 de janeiro de 2010 sob o Companies Act, 1956 (DPR - Jaipur Metro, 2012). O Metro de Jaipur será construído em 2 fases, como se pode ver na figura abaixo.

a) A Fase I - Mansarovar a Badi Chaupar (corredor E-W), com uma extensão de 12,06 km, está a ser desenvolvida, estando já operacional a ligação de Mansarovar a Chandpole.

b) Fase II - Zona industrial de Sitapura a Ambabadi (corredor N-S), numa extensão de 23 km

A figura no. 3.8 mostra todas as rotas de metro no mapa da cidade de Jaipur:

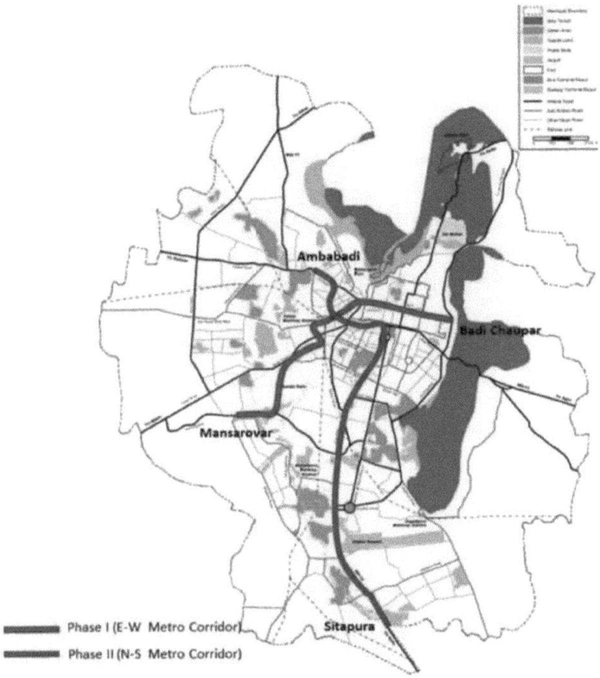

Figura 3.8 Mapa da rota do metro

Fonte: Relatório JDA 2013

3.2.11 Sistema de Trânsito Rápido de Massa

Depois de sobrepor o metro e os BRTs para a área de estudo, liga as partes principais. O mapa abaixo mostra o metro e o sistema BRT sobrepostos após a conclusão das fases propostas. A figura no. 3.9 mostra todas as rotas do sistema de transporte rápido de massas no mapa da cidade de Jaipur:

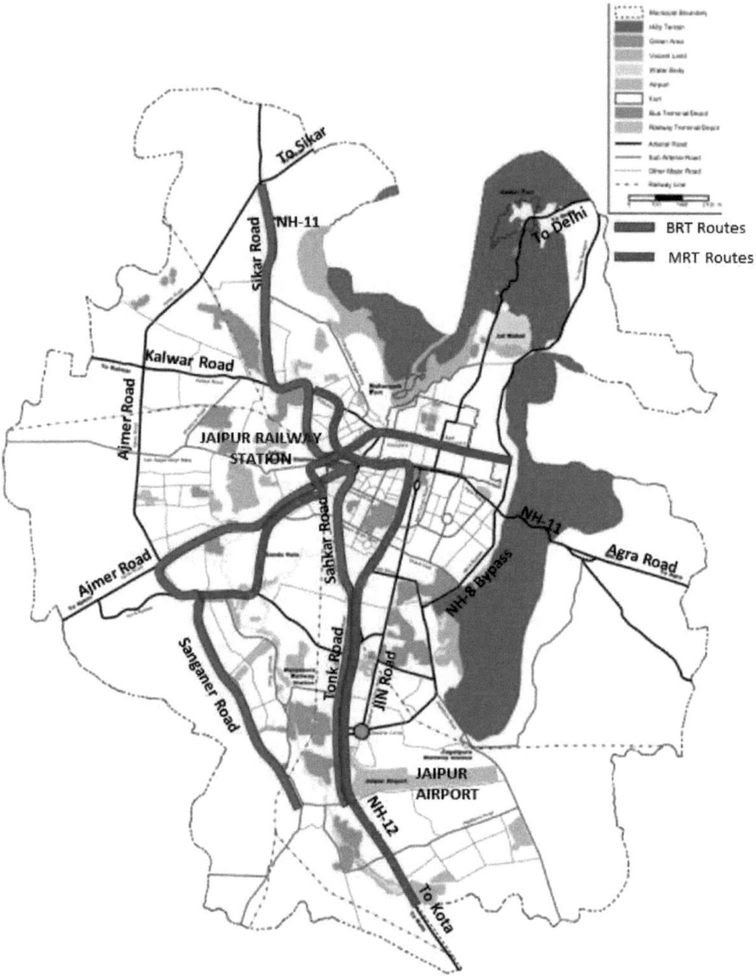

Figura 3.9 Mapa dos BRTs e das rotas de metro

Fonte: JDA 2013

A figura no. 3.10 mostra as rotas operacionais do sistema de transporte rápido de massa existentes no mapa da cidade de Jaipur, que são o metro de Chand pole a Mansarover e BRTS Fase I e II.

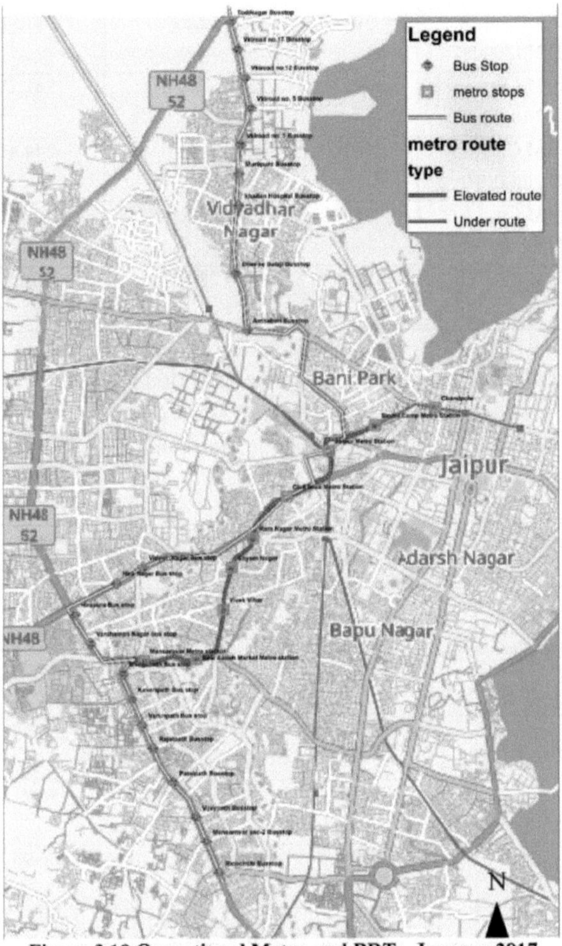

Figure 3.10 Operational Metro and BRTs, January 2017.

Source: Author

1:10,000

Tabela 3.6 BRTS Fase I População e área

S.N.	Número da ala	População por bairro	Área_(km2)	Área do bairro (em hectares)	Densidade das enfermarias (PPH)
1	Jaipur (M Corp.) WARD N0.-0002	30434	5.991	599.14	51
2	Jaipur (M Corp.) WARD N0.-0003	31818	9.943	994.34	32
3	Jaipur (M Corp.) WARD N0.-0004	28476	1.228	122.75	232

4	Jaipur (M Corp.) WARD N0.-0008	30743	2.52	251.98	122
5	Jaipur (M Corp.) WARD N0.-0009	38031	3.411	341.12	111
6	Jaipur (M Corp.) WARD N0.-0010	40360	2.444	244.44	165
7	Jaipur (M Corp.) WARD N0.-0014	35507	2.63	263	135
	Total na fase BRTS I	235369	28.167	2816.77	121

Fonte: Censo 2011

A tabela no. 3.7 abaixo mostra a população e a área dos BRTs fase II.

Quadro 3.7 BRTS Fase II População e área

S. NÃO	Número da ala	População por bairro	Área_(km2)	Área do bairro (m hectares)	Densidade das enfermarias (PPH)
1	Jaipur (M Corp.) WARD NO.0019	32688	4.481	448.08	73
2	Jaipur (M Corp.) WARD NO.0020	33776	2	200.02	169
3	Jaipur (M Corp.) WARD NO.0021	38790	6.581	658.09	59
4	Jaipur (M Corp.) WARD NO.0032	32047	2.341	234.14	137
5	Jaipur (M Corp.) WARD NO.0034	32831	7.889	788.91	42
6	Jaipur (M Corp.) WARD NO.0040	30043	2.269	226.95	132
7	Jaipur (M Corp.) WARD NO.0041	31961	2.373	237.32	135
	Total em BRTS Fase II	232136	27.934	2793.51	106.7142857

Fonte: Censo 2011

A tabela no. 3.8 abaixo mostra a população e a área combinadas dos BRTs fase I e II.

Quadro 3.8 BRTS Fase I e II População e área

S. NÃO	Número da ala	População por bairro	Área_(km2)	Área do bairro (em hectares)	Densidade das enfermarias (PPH)
1	BRTS I	235369	28.167	4938.92	121
2	BRTS II	594387	70.973	9219.75	106.7142857
	Total na BRTS Fase I & II	829756	99.14	14158.67	114

Fonte: Censo 2011

A tabela no. 3.9 abaixo mostra a população e a área da fase I do Metro.

Tabela 3.9 População e área da Fase I do Metro

S.N o.	Número da ala	Por bairro População	Área_(km2)	Área do bairro (em hectares)	Densidade das enfermarias (PPH)
1	Jaipur (M Corp.) WARD NO.-0022	34991	4.286	428.57	82
2	Jaipur (M Corp.) WARD NO.-0025	33158	2.329	232.88	142
3	Jaipur (M Corp.) WARD NO.-0026	30525	3.782	378.2	81
4	Jaipur (M Corp.) WARD NO.-0027	29102	0.79	79.02	368
5	Jaipur (M Corp.) WARD NO.-0028	29533	0.77	77.04	383
6	Jaipur (M Corp.) WARD NO.-0029	35374	2.298	229.75	154
7	Jaipur (M Corp.) WARD NO.-0030	34437	1.297	129.67	266
8	Jaipur (M Corp.) WARD NO.-0031	32570	2.187	218.74	149
9	Jaipur (M Corp.) WARD NO.-0075	30247	0.45	45.03	672
10	Jaipur (M Corp.) WARD NO.-0076	30415	0.843	84.26	361
11	Jaipur (M Corp.) WARD NO.-0077	30790	0.399	39.91	771
12	Jaipur (M Corp.) WARD NO.-0078	31230	0.304	30.38	1028
13	Jaipur (M Corp.) WARD NO.-0079	32265	0.837	83.74	385
14	Jaipur (M Corp.) WARD NO.-0080	35508	1.169	116.92	304
	Total Metro	450145	21.741	2174.11	367.5714

Fonte: Censo 2011

A figura n.º 3.11 mostra a população por distrito para as fases I e II do BRTS e para o corredor do metro.

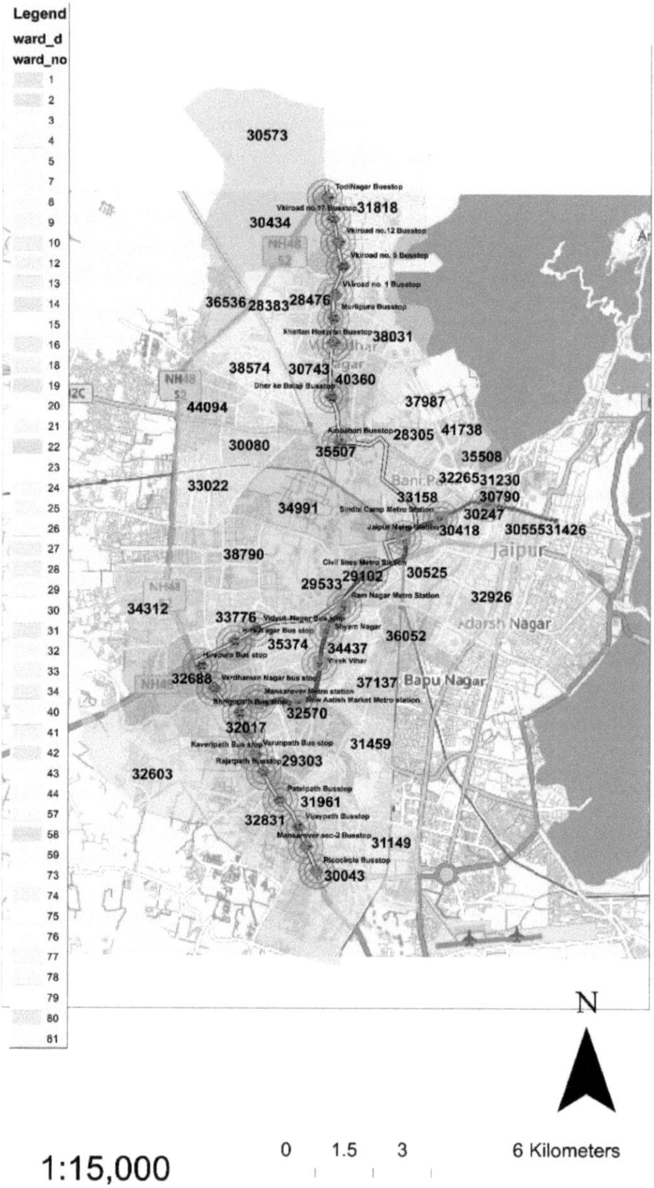

Figura 3.11 População por bairro do corredor MRT

Fonte: Autor

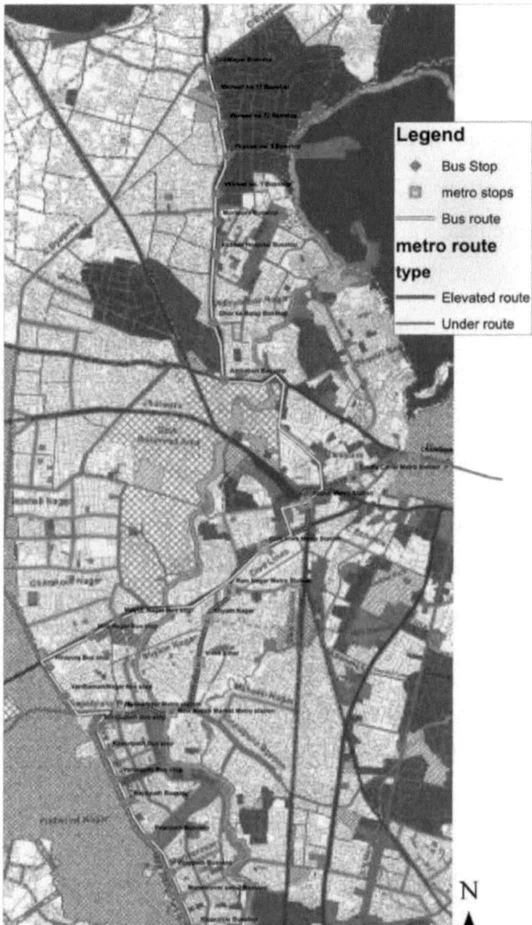

Figura 3.12 Mapa de utilização do solo do Metro e BRTS

Fonte: Autor

A utilização do solo dos bairros adjacentes é apresentada na figura nº. 3.12 abaixo para verificar qual é o tipo de actividades proeminente ao longo do corredor desenvolvido com a ajuda do ARC GIS tendo como referência o MDP 2025.

CAPÍTULO:4 PERFIL SOCIOECONÓMICO DOS INQUIRIDOS DO E SUAS PERCEPÇÕES UMA ANÁLISE

Para avaliar o funcionamento atual dos sistemas de transportes públicos rápidos nas cidades de Jaipur, como o BRTS e o corredor do metro, foram seguidos alguns parâmetros de referência. Para realizar o trabalho e alcançar os resultados obrigatórios, foram recolhidos dados de fontes primárias e secundárias. Para a recolha de dados primários, foi realizado um inquérito aos passageiros. Vários relatórios e fontes secundárias, como artigos de investigação, teses e livros, são referidos para a realização deste estudo. O sistema de transportes existente na cidade de Jaipur e os relatórios técnicos sobre BRTs e metro também foram consultados. Alguns deles são -

➢ Um estudo de viabilidade para o desenvolvimento de um sistema eficiente de transportes urbanos para Jaipur, PDCOR Ltd. 2006.

➢ Relatório detalhado do projeto, Desenvolvimento do Sistema de Trânsito Rápido de Autocarros (BRTS) Jaipur, RUIDP -PDCOR, 2006.

➢ Comprehensive Mobility Plan Jaipur 2010 (Plano de Mobilidade Global de Jaipur 2010) por Wilbur Smith.

➢ O papel do Paratransit para o sucesso do Bus Rapid Transit System (BRTS) Jaipur por Vimal Gehlot.

➢ Estudo de tráfego e transportes para o relatório pormenorizado do projeto, desenvolvimento do projeto da cadeia de metro de Jaipur.

➢ Estudo de impacto ambiental para o desenvolvimento do projeto da cadeia de metro de Jaipur.

4.1 DADOS PRIMÁRIOS

A abordagem de amostragem aleatória estratificada foi escolhida e utilizada para garantir uma representação adequada. A área selecionada para amostragem entre a população da zona de influência do corredor de transportes públicos rápidos (ou seja, BRTS Fase I e II e Metro Fase I) na cidade de Jaipur. Uma secção, que é uma subdivisão da população da vizinhança que partilha pelo menos uma caraterística comum. Este tipo de amostragem implica um processo de seleção em que cada elemento da população tem uma possibilidade igual e independente de ser selecionado.

Para determinar a perceção e a satisfação dos utentes em relação aos projectos de BRTS e de metropolitano existentes na cidade de Jaipur, foi realizado um inquérito a 150 utentes de diferentes faixas etárias, entre os 15 e os 60 anos, selecionados aleatoriamente. Isto foi feito para captar as respostas de todas as categorias de utilizadores de transportes públicos na área de estudo para uma compreensão aprofundada dos seus problemas. A distribuição dos passageiros entrevistados é apresentada no quadro nº. 4.1 abaixo:

Quadro 4.1 Detalhe dos passageiros entrevistados

S.N.	Corredor de trânsito incluído na amostra	Total de passageiros entrevistados por paragem de autocarro Área	
		#	%
1	BRTS Fase I	39	26
2	METRO Fase I	70	46.6
3	BRTS Fase II	41	27.4

Fonte: Autor

Os detalhes dos passageiros entrevistados são apresentados no quadro seguinte, que nos diz que, do total de 150 passageiros entrevistados, 80 estão na paragem BRTS, o que representa uma percentagem de 53,4, e 70 estações de metro, o que representa uma percentagem de 46,6.

Detalhes do inquérito:

O inquérito é efectuado na estação de metro e na estação BRT e a figura n.º 4.1 na página seguinte mostra a localização da amostra inquirida no mapa da opção MRT da cidade de Jaipur. 4.1 na página seguinte mostra a localização da amostra inquirida no mapa da opção MRT da cidade de Jaipur. O perfil etário dos inquiridos indica que a maioria dos utentes dos transportes públicos se encontra na faixa etária dos 15 aos 25 anos, representando 44% do total. O segundo maior número de utentes dos transportes públicos inquiridos pertence ao grupo etário dos 25-40 anos, com uma percentagem de 28 do total, seguido do grupo etário dos 40-60 anos, com uma percentagem de 24 do total, e do grupo etário com mais de 60 anos, com uma percentagem mínima. O perfil etário é apresentado na tabela no. 4.2 abaixo:

Quadro 4.2 Perfil etário dos inquiridos

Grupo etário (em ano)	N.º de inquiridos	% de inquiridos

15 - 25	66	44
25 - 40	42	28
40 - 60	36	24
Acima de 60	6	4
Total	150	100

Fonte: Autor

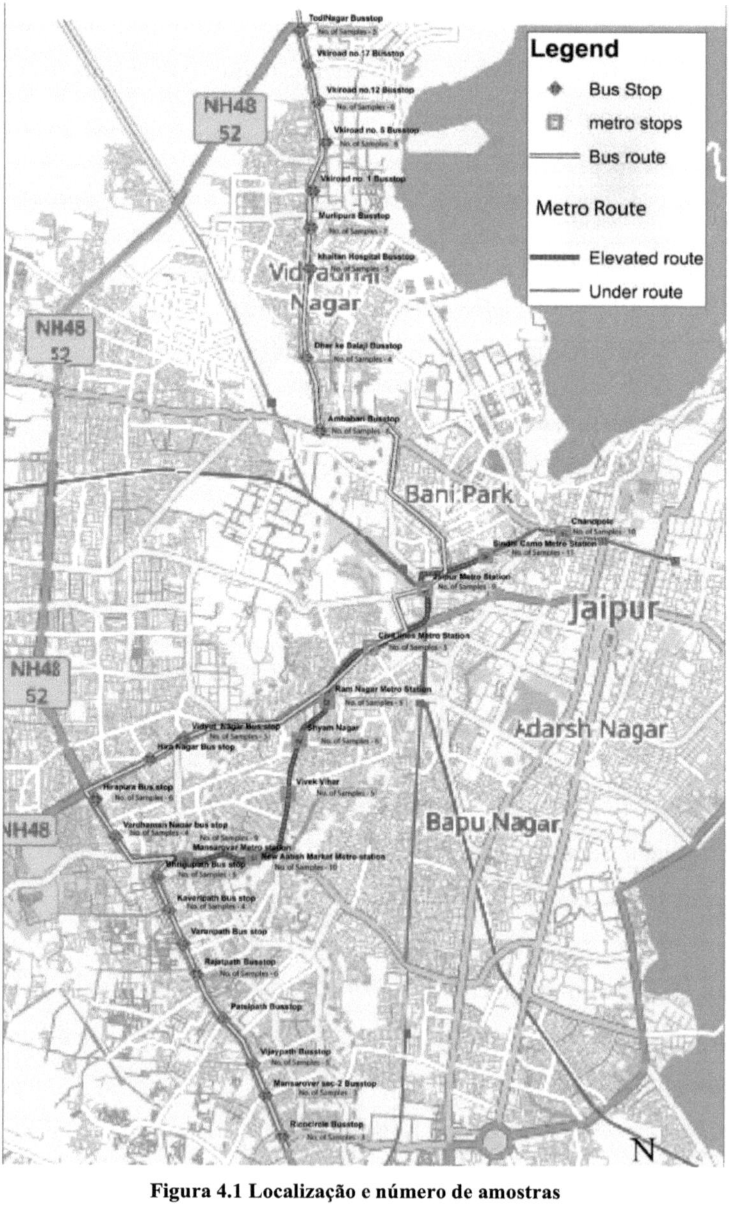

Figura 4.1 Localização e número de amostras

Fonte: Autor

O emprego ou local de trabalho é um parâmetro importante, que gera viagens numa área urbana. A amostra contém o maior número de trabalhadores com emprego privado, com uma percentagem de 38,67 , seguidos de donas de casa e estudantes, com uma percentagem de 19,33 e 18,67. O estatuto profissional é apresentado na tabela no. 4.3 abaixo:

Quadro 4.3 Perfil profissional dos inquiridos

S.N.	Situação profissional	N.º de inquiridos	% de inquiridos
1	Governo	8	5.33
2	Privado	58	38.67
3	Autónomo	19	12.67
4	Pensionista / Reformado	8	5.33
5	Dona de casa	29	19.33
6	Estudante	28	18.67
7	Total	150	100.00

Fonte: Autor

O rendimento de uma pessoa é um dos principais factores decisivos para o modo de escolha e para o montante que uma pessoa pode gastar em transportes. A partir dos dados do inquérito, o número máximo de utentes que viaja em transportes públicos é de até 8000 por mês, o que representa uma percentagem de 37,33, seguido do grupo com rendimentos entre 8000 e 16000 por mês, que representa uma percentagem de 30. Apenas 7% dos utilizadores têm um salário superior a 24 000 por mês, o que significa que as pessoas com rendimentos elevados não gostam de viajar nos transportes públicos. O estatuto profissional é apresentado na tabela no. 4.4 abaixo:

Quadro 4.4 Perfil de rendimentos dos inquiridos

S. Não.	Rendimento mensal	N.º de amostras	% da amostra
1	Até 8000	56	37.33%
2	8000-16000	45	30.00%
3	16000-24000	39	26.00%
4	acima de 24000	10	6.67%
5	Total	150	100.00%

O rendimento médio dos trabalhadores pendulares inquiridos é de aproximadamente 10500 rupias.

Para analisar a satisfação dos utentes, foi elaborado um questionário auto-avaliado. As classificações são dadas com base numa escala de Likert em cinco divisões: satisfeito, satisfeito, neutro, insatisfeito e insatisfeito. Os parâmetros de atributos de qualidade e de serviço considerados pelos utentes no questionário de autoavaliação são apresentados no quadro seguinte, que foi retirado do índice de satisfação dos passageiros dos transportes públicos urbanos de . O índice de satisfação dos passageiros tem mais de 25 parâmetros, dos quais 12 foram selecionados. O questionário é apresentado como uma cópia no Anexo A. Além disso, são mostrados na tabela no. 4.5 abaixo:

Quadro 4.5 Lista de sub-parâmetros para a satisfação do cliente

Código dos parâmetros	Parâmetros
1	Satisfação geral
2	Disponibilidade de lugares
3	Curta distância a pé dos passageiros
4	Disponibilidade de caminhos pedonais
5	Transporte O preço é inferior
6	Tempo de espera curto
7	Proporcionar um tempo de deslocação curto
8	Segurança a bordo
9	limpeza do veículo e da paragem
10	Frequência do serviço
11	Disponibilidade de rotas para o destino
12	Conforto em viagem

Fonte: Autor

A satisfação geral dos 150 utentes dos serviços de metro e BRTS é apresentada abaixo, o que mostra que os serviços de metro mostram que 14% estão satisfeitos com o metro e 0^0 % com os BRT. O número de utilizadores que deram a classificação é apresentado abaixo na tabela no. 4.6 abaixo:

Quadro 4.6 Satisfação geral com os serviços de transporte

Satisfação geral com os serviços de transporte N =150		
Classificação	Metro	BRT
1-Satisfeito	21	0
2- Satisfeito	54	42
3- Neutro	36	30

4- Insatisfeito	30	48
5- Infeliz	9	30

Fonte: Autor

A fig. no. 4.2 mostra o gráfico de satisfação geral do Metro para o estudo em causa, elaborado pelo autor a partir dos dados do inquérito.

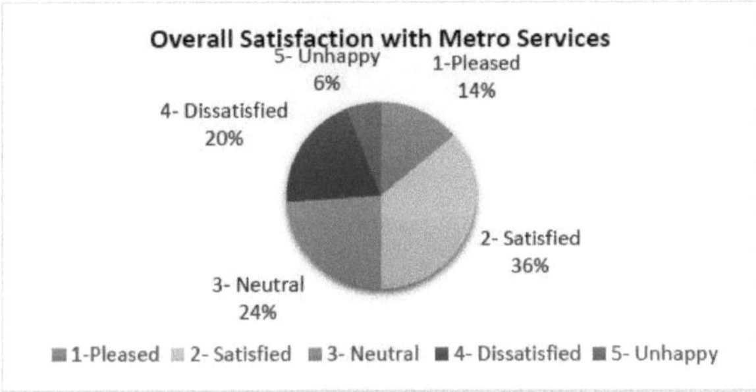

Figura 4.2 Satisfação global com o Metro

Fonte: Autor

A fig. no. 4.3 mostra o gráfico de satisfação geral com o BRT para o estudo em causa, elaborado pelo autor a partir dos dados do inquérito.

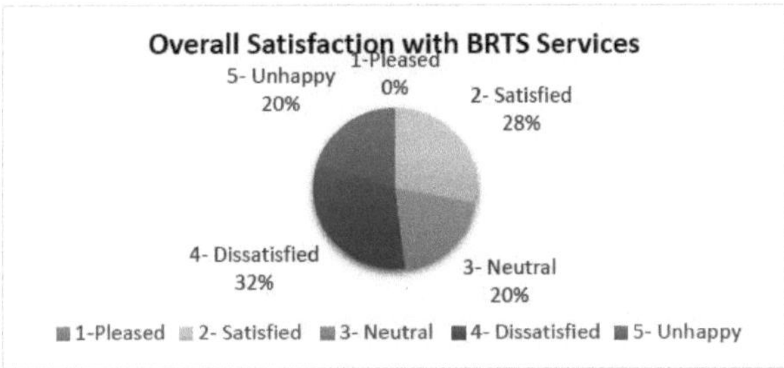

Figura 4.3 Satisfação geral com o BRT

Fonte: Autor

A disponibilidade de lugares para os 150 passageiros dos serviços de Metro e BRTS é apresentada no quadro 4.7.

Quadro 4.7 Disponibilidade de lugares com transporte

Disponibilidade de lugares com serviços de transporte N =150				
	Metro		BRT	
CLASSIFICAÇÃO	Não.	%	Não.	%
1-Satisfeito	27	18	0	0
2- Satisfeito	33	22	9	6

3- Neutro	30	20	33	22
4- Insatisfeito	48	32	81	54
5- Infeliz	12	8	27	18

Isto indica que o metro está a funcionar abaixo da capacidade, uma vez que a maioria dos lugares está disponível, enquanto os autocarros BRT estão sobrelotados.

A fig. no. 4.4 mostra a disponibilidade de lugares com o gráfico do Metro para o estudo em causa, elaborado pelo autor a partir dos dados do inquérito.

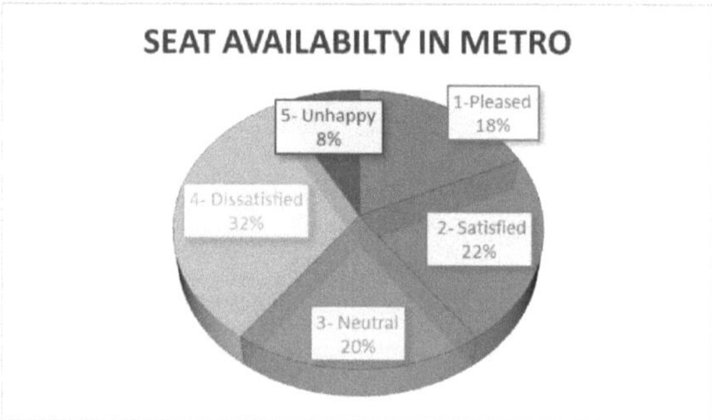

Figura 4.4 Disponibilidade de lugares com o Metro

Fonte: Autor

A fig. no. 4.5 mostra o gráfico de disponibilidade de lugares com serviços BRT para o estudo em causa, com base em dados de inquéritos elaborados pelo autor.

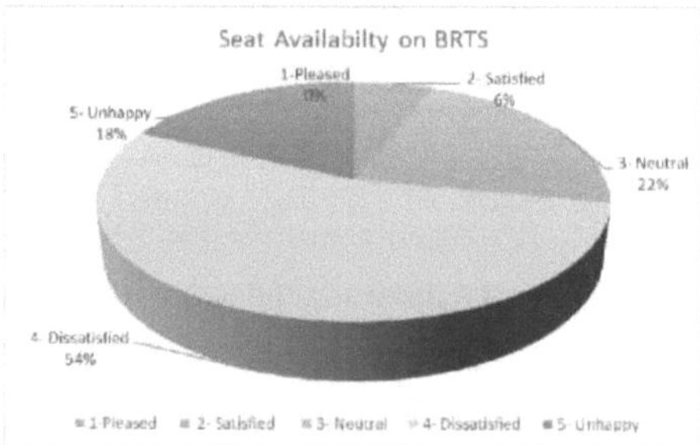

Figura 4.5 Disponibilidade de lugares com BRT

Fonte: Autor

A distância percorrida a pé pelos 150 passageiros para os serviços de Metro e BRTS é apresentada na tabela seguinte. 4.8 que mostra que

Tabela 4.8 Distância a pé para passageiros de curta distância

	Parâmetros Descrição	1-	2-	3	4-	5

		Satisfeito	Satisfeito	Neutro	Insatisfeito	Infeliz
1	Passageiro a curta distância a pé da paragem de autocarro	27	33	12	69	9
2	Curta distância a pé da estação de metro	12	18	54	42	24

Fonte: Autor

A fig. no. 4.6 mostra o gráfico da distância percorrida a pé por um passageiro de curta distância até uma estação de metro para o estudo em causa, com base em dados de amostragem preparados pelo autor.

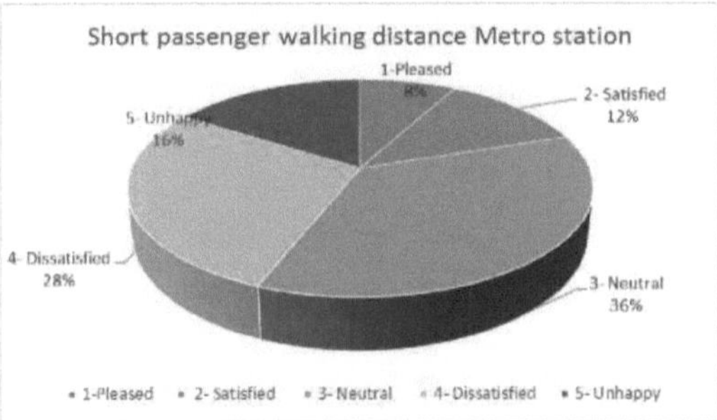

Figura 4.6 Distância a pé para passageiros de curta distância da estação de metro

Fonte: Autor

A fig. no. 4.7 mostra o gráfico da distância percorrida a pé por um passageiro de curta distância até uma paragem BRT para o estudo em causa através de dados de amostragem preparados pelo autor.

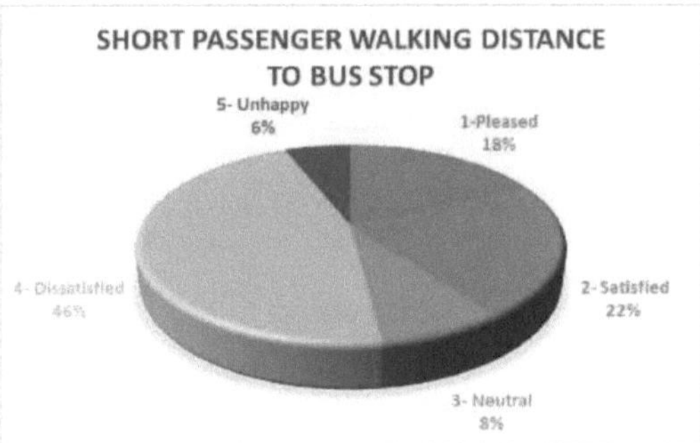

Figura 4.7 Distância a pé da paragem de autocarro para passageiros de curta distância

Fonte: Autor

A disponibilidade do percurso pedonal até à paragem mais próxima dos 150 passageiros para os serviços de Metro e BRTS é apresentada na tabela seguinte. 4.9

que mostra que

Quadro 4.9 Disponibilidade de percursos pedonais

	Parâmetros Descrição	1- Satisfeito	2- Satisfeito	3 Neutro	4- Insatisfeito	5 Infeliz
1	Disponibilidade de caminhos pedonais Para Paragem de autocarro mais próxima	15	33	15	69	18
2	Disponibilidade de um caminho pedonal para Estação de Metro	15	36	12	63	24

Fonte: Autor

A fig. no. 4.8 mostra a disponibilidade de caminhos pedonais até à estação de metro mais próxima para o gráfico de paragens BRT para o estudo em causa, através de dados de amostragem preparados pelo autor.

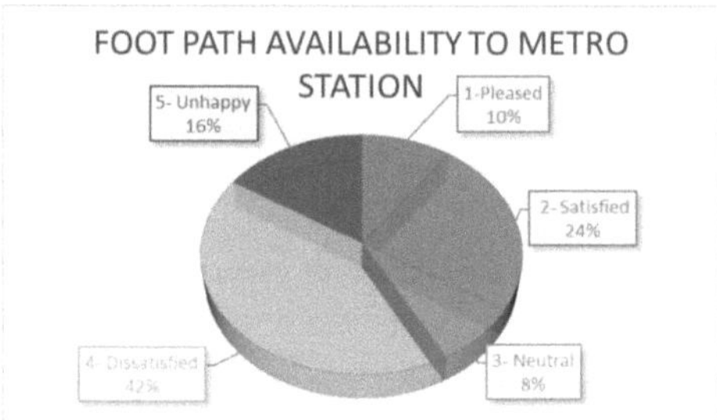

Figura 4.8 Percurso pedonal Disponibilidade da estação de metro

Fonte: Autor

A fig. no. 4.9 mostra a disponibilidade de caminhos pedonais até à paragem de autocarro mais próxima para a paragem BRT chart para o estudo em causa através de dados de amostragem preparados pelo autor.

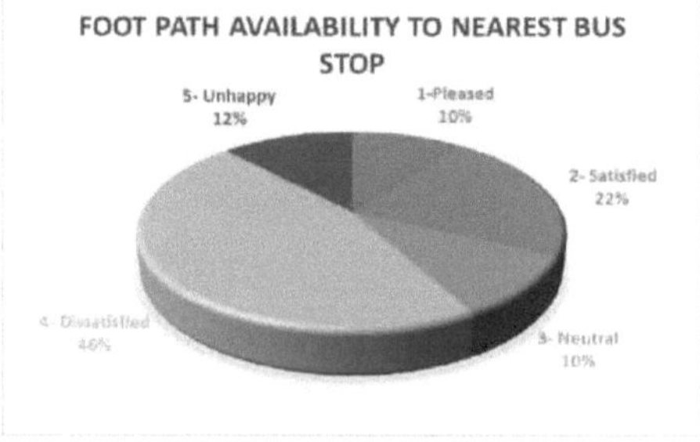

Figura 4.9 Caminho pedonal Disponibilidade de paragem de autocarro

Fonte: Autor

O preço acessível dos transportes para os modos de transporte dos 150 passageiros, tanto para o Metro como para os serviços BRTS de , é apresentado na tabela seguinte. 4.10 que mostra que

Quadro 4.10 O preço dos transportes é inferior ou acessível

	Parâmetros Descrição	1- Satisfeito	2- Satisfeito	3 Neutro	4- Insatisfeito	5-Insatisfeito
1	Transporte O preço é inferior para Autocarros	12	42	42	45	9
2	Transporte O preço é mais baixo para o serviço de metro	18	48	45	30	9

Fonte: Autor

A figura nº. 4.10 mostra que o preço do transporte é inferior para o serviço de metro no estudo em causa, através de dados de amostragem preparados pelo autor.

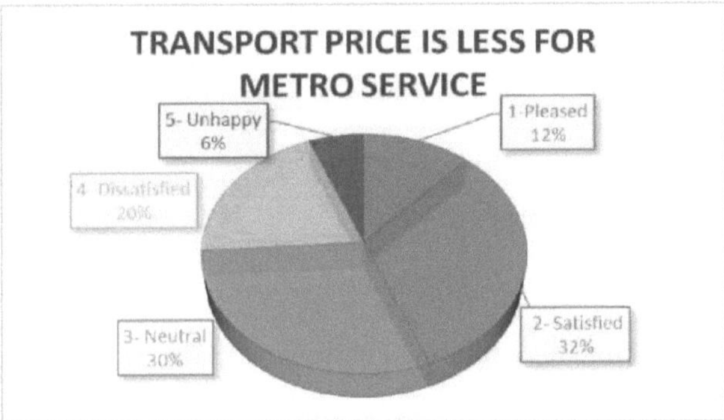

Figura 4.10 O preço dos transportes é inferior ou acessível para o Metro

Fonte: Autor

A fig. no. 4.11 mostra que o preço do transporte é inferior para os autocarros BRT para o estudo em questão através de dados de amostras de inquéritos preparados pelo autor.

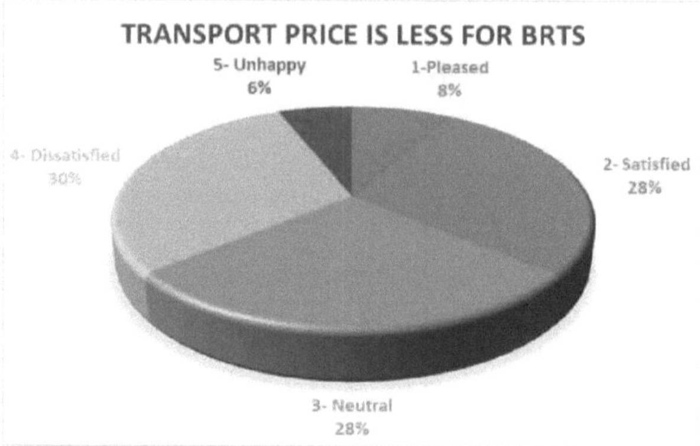

Figura 4.11 O preço do transporte é menor ou acessível para o BRT

Fonte: Autor

O tempo de espera curto para os meios de transporte dos 150 passageiros, tanto para o Metro como para o BRTS , é apresentado na tabela seguinte. 4.11 que mostra que

Quadro 4.11 Tempo de espera curto

	Parâmetros Descrição	1- Satisfeito	2- Satisfeito	3 Neutro	4- Insatisfeito	5 Infeliz
1	Tempo de espera curto para os autocarros	0	3	21	81	45
2	Pouco tempo de espera na estação de metro	18	72	30	21	9

Fonte: Autor

A fig. no. 4.12 mostra o tempo de espera curto na estação de Metro para o estudo em causa, através de dados de amostragem preparados pelo autor.

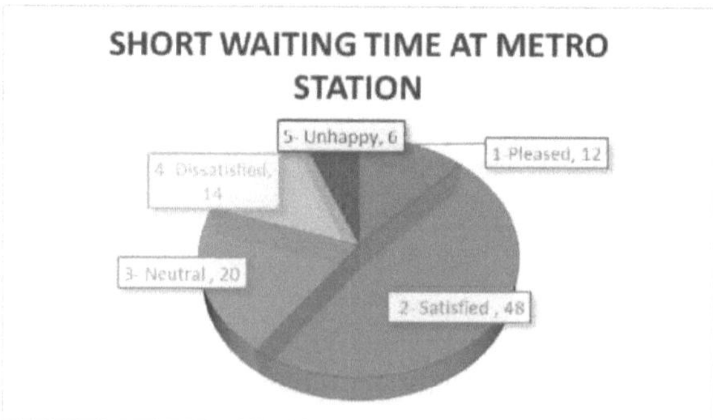

Figura 4.12 Tempo de espera curto para o metro

Fonte: Autor

A fig. no. 4.13 mostra o Tempo de Espera Curto para Autocarros para o estudo dado por dados de amostra de inquérito preparados pelo autor.

Figura 4.13 Tempo de espera curto para o BRT

Fonte: Autor

O tempo de viagem curto para os modos dos 150 passageiros, tanto para o Metro como para os serviços BRTS , é apresentado na tabela seguinte. 4.12 que mostra que

Tabela 4.12 Tempo de viagem curto

	Parâmetros Descrição	1- Satisfeito	2- Satisfeito	3 Neutro	4- Insatisfeito	5 Infeliz
1	Proporcionar um tempo de viagem curto nas viagens de autocarro	3	24	21	81	21
2	Proporcionar um tempo de viagem curto de metro	24	72	42	9	3

Fonte: Autor

A fig. no. 4.14 mostra o tempo de viagem curto de metro para o estudo em causa, com base em dados de amostragem preparados pelo autor.

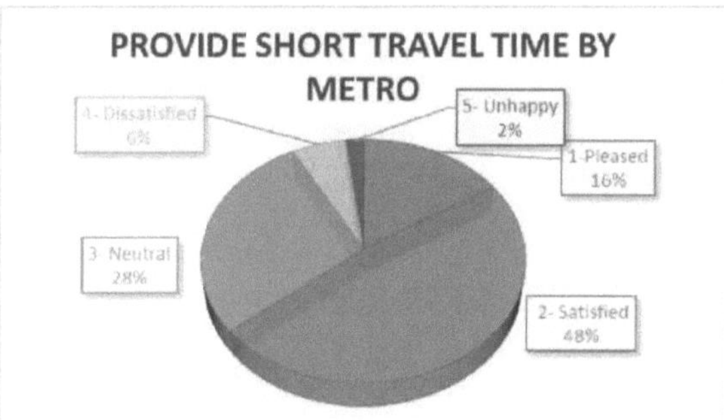

Figura 4.14 Tempo de viagem curto para o metro

Fonte: Autor

A fig. no. 4.15 mostra o tempo de viagem curto do Provide nas viagens de autocarro para o estudo , através de uma amostra de dados preparada pelo autor.

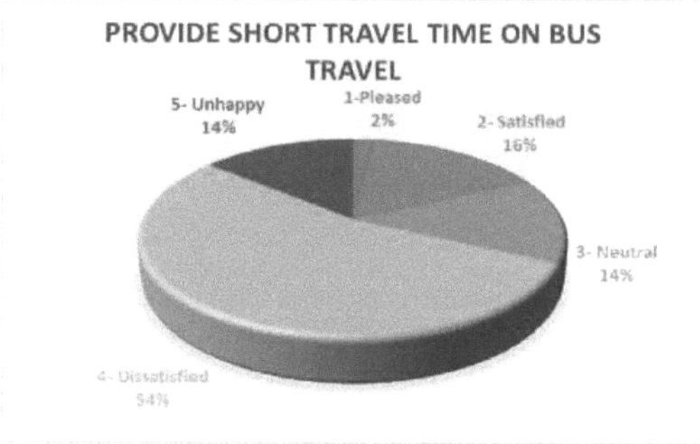

Figura 4.15 Tempo de viagem curto para BRT

Fonte: Autor

A Segurança a Bordo para os modos dos 150 passageiros dos serviços do Metro e do BRTS é apresentada na tabela seguinte. 4.13 que mostra que

Quadro 4.13 Segurança a bordo

	Parâmetros Descrição	1-Satisfeito	2- Satisfeito	3- Neutro	4- Insatisfeito	5- Infeliz
1	Segurança a bordo (BRTS)	21	81	3	39	6
2	Segurança a bordo do Metro	27	81	27	15	0

Fonte: Autor

A fig. no. 4.16 mostra a Segurança a Bordo do Metro para o estudo em causa através de dados de amostragem preparados pelo autor.

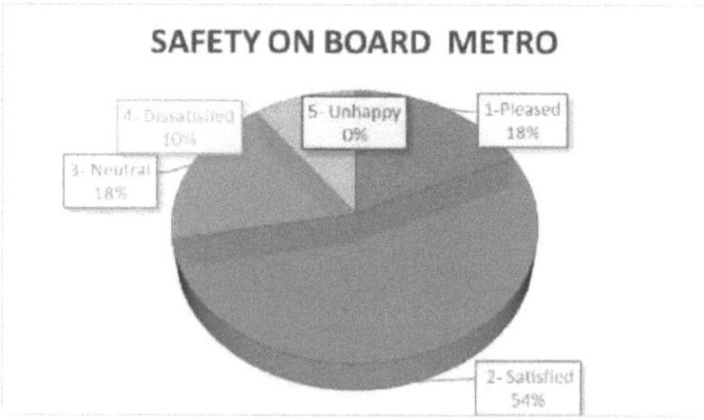

Figura 4.16 Segurança a bordo do Metro

Fonte: Autor

A fig. no. 4.17 mostra a Segurança a Bordo da BRTS para o estudo em causa através da amostra do inquérito dados preparados pelo autor.

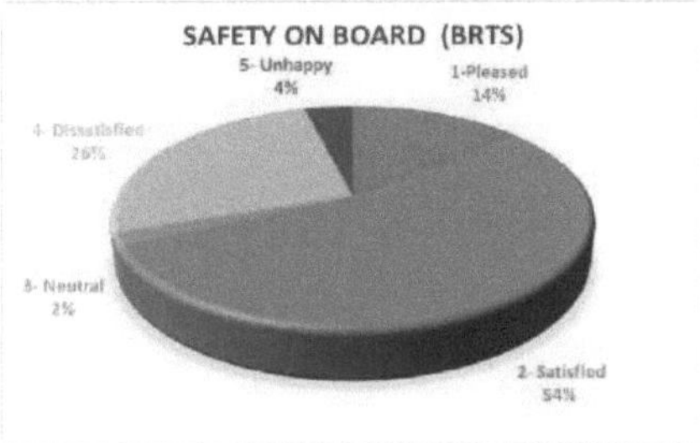

Figura 4.17 Segurança a bordo do BRT

Fonte: Autor

A limpeza para os modos dos 150 passageiros, tanto para o Metro como para o BRTS Services, é apresentada na tabela seguinte. 4.14, que mostra que

Quadro 4.14 Limpeza dos modos

	Parâmetros Descrição	1-Satisfeito	2- Satisfeito	3- Neutro	4- Insatisfeito	5-Insatisfeito
1	Limpeza do autocarro e da paragem de autocarro (BRTS)	3	12	18	75	42
2	Limpeza do metro e da estação de metro	27	78	33	9	3

Fonte: Autor

A figura no. 4.18 mostra a limpeza do Metro e da estação de Metro para o estudo em causa, através de dados de amostragem preparados pelo autor.

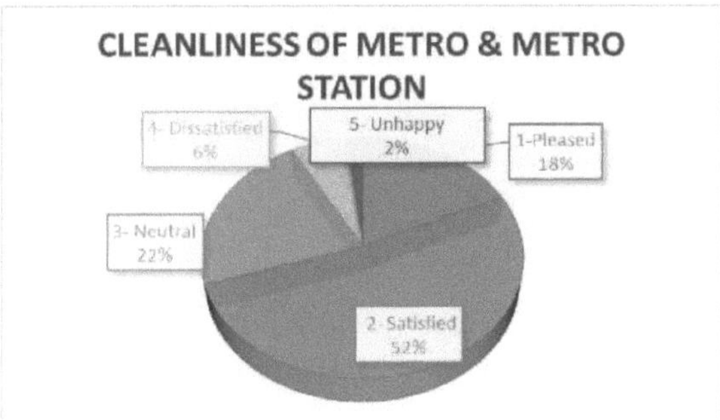

Figura 4.18 Limpeza do metro e da estação de metro

Fonte: Autor

A fig. no. 4.19 mostra a limpeza das paragens de autocarro (BRTS) para o estudo em questão através de dados de amostras de inquéritos preparados pelo autor.

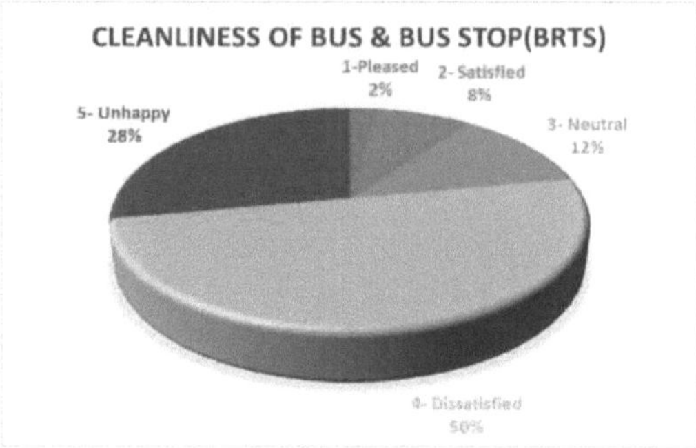

Figura 4.19 Limpeza do autocarro e da paragem de autocarro (BRTS)

Fonte: Autor

A frequência dos modos de transporte dos 150 utentes dos serviços de Metro e BRTS é apresentada no quadro seguinte. 4.15, que mostra que

Quadro 4.15 Frequência dos modos

	Parâmetros Descrição	1- Satisfeito	2- Satisfeito	3 Neutro	4- Insatisfeito	5 Infeliz
1	Frequência dos autocarros nas paragens (BRTS)	3	15	39	78	15
2	Frequência dos serviços de metro	24	69	39	15	3

Fonte: Autor

A fig. no. 4.20 mostra a frequência dos serviços de Metro para o estudo em causa, através de dados de amostragem preparados pelo autor.

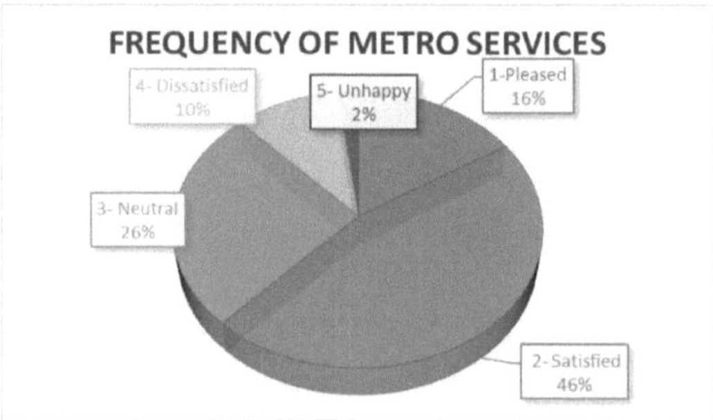

Figura 4.20 Frequência dos modos de metro

Fonte: Autor

A fig. no. 4.21 mostra a frequência dos autocarros nas paragens de autocarro (BRTS) para o estudo em questão através de dados de amostragem preparados pelo autor.

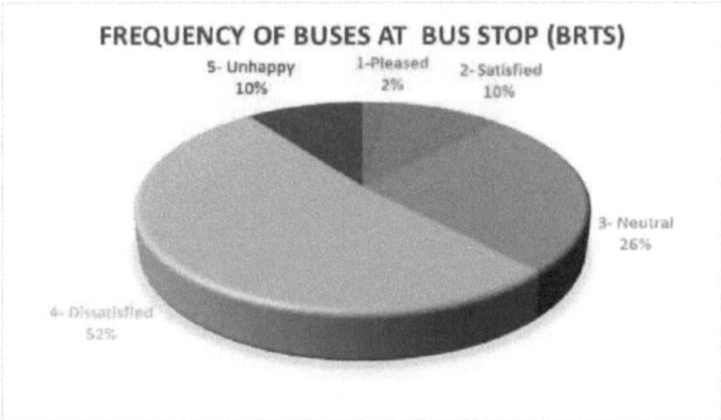

Figura 4.21 Frequência dos Modos para BRT

Fonte: Autor

A disponibilidade de percursos por modos dos 150 passageiros para os serviços de metro e BRTS é apresentada na tabela seguinte. 4.16, que mostra que

Tabela 4.16 Disponibilidade de rotas por modos

	Parâmetros Descrição	1- Satisfeito	2- Satisfeito	3 Neutro	4- Insatisfeito	5 Infeliz
1	Disponibilidade de itinerários para o destino (BRTS)	18	48	45	30	9
2	Disponibilidade de rotas para o destino por Metro	0	9	33	81	27

Fonte: Autor

A fig. no. 4.22 mostra a disponibilidade de rotas para o destino por Metro para o estudo em causa, através de dados de amostragem preparados pelo autor.

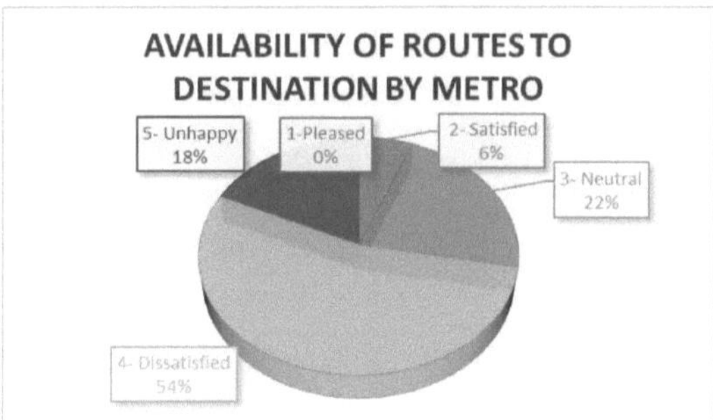

Figura 4.22 Disponibilidade de rotas para o destino por metro

Fonte: Autor

A fig. no. 4.23 mostra a disponibilidade de rotas para o destino (BRTS) para o dado estudo por dados de amostra de inquérito preparado pelo autor.

Figura 4.23 Disponibilidade de rotas para o destino por BRT

Fonte: Autor

O conforto durante a deslocação por meios de transporte dos 150 passageiros para os serviços de Metro e BRTS é apresentado na tabela seguinte. 4.17, que mostra que

Tabela 4.17 Conforto durante a viagem, por Modos

	Parâmetros Descrição	1-Satisfeito	2- Satisfeito	3- Neutro	4- Insatisfeito	5-Insatisfeito
1	Conforto durante a viagem BRTS	3	24	30	72	21
2	Conforto ao viajar no Metro	30	72	39	9	0

Fonte: Autor

A fig. no. 4.24 mostra o Conforto durante a viagem de Metro para o estudo em causa, através de dados de uma amostra de inquérito preparada pelo autor.

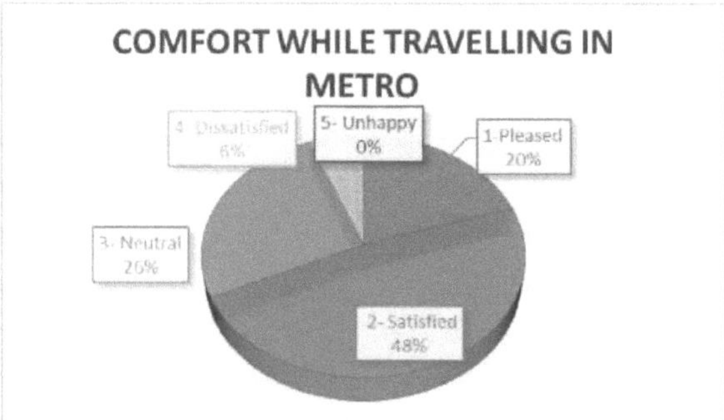

Figura 4.24 Conforto ao viajar de Metro

Fonte: Autor

A fig. no. 4.25 mostra o Conforto durante a viagem (BRTS) para o estudo em causa, através de dados de amostra de inquérito preparados pelo autor.

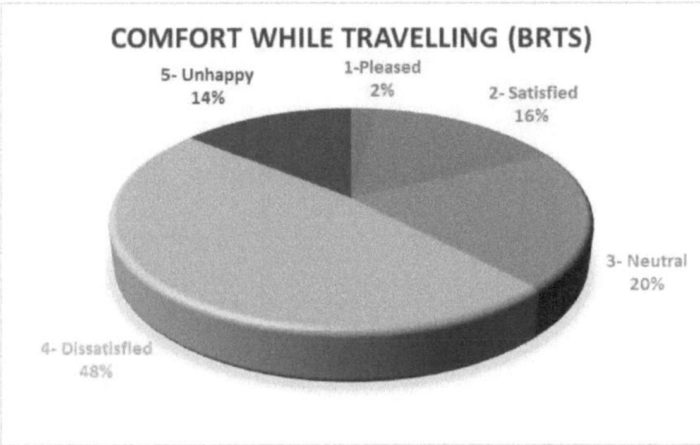

Figura 4.25 Conforto nas viagens de BRT

Fonte: Autor

Resultados: Os dados calculados sobre os doze parâmetros e a satisfação geral em todos os parâmetros mostram que os utilizadores estão mais satisfeitos com o metro do que com os serviços BRT. A disponibilidade de rotas para o Metro é menor em comparação com os serviços BRT. A frequência do Metro é correta, mas a do BRT é menor. O tempo de espera dos passageiros é mais curto no Metro do que no BRT. A limpeza do metro é boa em comparação com a do BRT.

4.2 CÁLCULO PARA O METRO

A tabela no. 4.18 abaixo mostra a percentagem e o número de respostas para os serviços de metropolitano em relação aos parâmetros pré-determinados para a análise da satisfação em termos absolutos e a distribuição de frequência relativa das respostas aos atributos de satisfação e qualidade do serviço (n =150).

Tabela 4.18 Resultado do inquérito ao Metro.

	Parâmetros Descrição	Satisfeito		Satisfeito		Neutro		Insatisfeito		Infeliz	
		#	%	#	%	#	%	#	%	#	%
1	Satisfação geral com os serviços de transporte metropolitano	21	14	54	36	36	24	30	20	9	6
2	Disponibilidade de lugares no Metro	27	18	33	22	30	20	48	32	12	8
3	Curta distância a pé da estação de metro	12	8	18	12	54	36	42	28	24	16
4	Disponibilidade de caminhos pedonais para a estação de metro	15	10	36	24	12	8	63	42	24	16

5	Transporte O preço é mais baixo para o serviço de metro	18	12	48	32	45	30	30	20	9	6
6	Pouco tempo de espera na estação de metro	18	12	72	48	30	20	21	14	9	6
7	Proporcionar um tempo de viagem curto de metro	24	16	72	48	42	28	9	6	3	2
8	Segurança a bordo do Metro	27	18	81	54	27	18	15	10	0	0
9	Limpeza do metro e da estação de metro	27	18	78	52	33	22	9	6	3	2
10	Frequência dos serviços de metro	24	16	69	46	39	26	15	10	3	2
11	Disponibilidade de rotas para o destino por Metro	0	0	9	6	33	22	81	54	27	18
12	Conforto ao viajar no Metro	30	20	72	48	39	26	9	6	0	0

Fonte: Autor

4.3 CÁLCULO PARA BRTS

A tabela no. 4.19 abaixo mostra a percentagem e o número de respostas para os serviços de metropolitano em parâmetros pré-determinados para análise da satisfação

Quadro 4.19 Resultado do inquérito sobre o BRTS

	Parâmetros Descrição	**Satisfeito**		**Satisfeito**		**Neutro**		**Insatisfeito**		**Infeliz**	
		#	%	#	%	#	%	#	%	#	%
1	Satisfação geral com o serviço público de transporte de autocarro	0	0	42	28	30	20	48	32	30	20
2	Disponibilidade de lugares no autocarro	0	0	9	6	33	22	81	54	27	18
3	Passageiro a curta distância a pé da paragem de autocarro	27	18	33	22	12	8	69	46	9	6
4	Disponibilidade de caminho pedonal Até à paragem de autocarro mais próxima	15	10	33	22	15	10	69	46	18	12
5	Transporte O preço é mais baixo para os autocarros	12	8	42	28	42	28	45	30	9	6
6	Tempo de espera curto para os autocarros	0	0	3	2	21	14	81	54	45	30
7	Proporcionar um tempo de viagem curto nas viagens de autocarro	3	2	24	16	21	14	81	54	21	14
8	Segurança a bordo (BRTS)	21	14	81	54	3	2	39	26	6	4
9	Limpeza do autocarro e da paragem de autocarro (BRTS)	3	2	12	8	18	12	75	50	42	28
10	frequência de paragem de autocarro (BRTS)	3	2	15	10	39	26	78	52	15	10

11	Disponibilidade de itinerários para o destino (BRTS)	18	12	48	32	45	30	30	20	9	6
12	Conforto nas deslocações (BRTS)	3	2	24	16	30	20	72	48	21	14

Fonte: Autor

4.4 ÍNDICE DE COBERTURA DE TRANSPORTES PÚBLICOS (PTCI)

Partindo desta base, é desenvolvido um índice de cobertura para os corredores BRTS e MRTS, calculando a sua capacidade de lugares sentados, o número total de autocarros e a relação de cobertura dos itinerários.

A fórmula de cálculo é a seguinte

- Índice de Cobertura de Transporte Público (PTCI) = função (capacidade, frequência, cobertura da rede)
- Índice de capacidade = (capacidade de lugares sentados* número total de veículos* comprimento do trajeto) / população total
- Índice de frequência= Número total de veículos nessa zona.
- Cobertura da rede= Número total de paragens / Área.

Corredor BRTS

Capacidade do autocarro em lugares sentados = 32

Número total de veículos = Autocarros que circulam nas fases I e II do BRTS

Autocarros na Fase I do BRTS: A tabela n. 4.20 abaixo mostra o número de autocarros nas rotas dos BRTs Fase I.

Quadro 4.20 Autocarros na Fase I do BRTS

Percurso do autocarro	1	1A	9A	Total
Autocarros N.º dado	12	12	28	52
Autocarros n.º observados	9	10	22	41
N.º de paragem	2	8	5	15

Fonte: Gabinete do JCTSL

Autocarros na BRTS Fase II: A tabela n. 4.21 abaixo mostra o número de autocarros nas rotas dos BRTs Fase II.

Quadro 4.21 Autocarros na BRTS Fase II

Percurso do autocarro	7	9	Ac-5	Total
Autocarros N.º dado	26	14	13	53
Autocarros N.º Operacional	23	11	9	43
N.º de paragem	2	14	10	26

Fonte: Gabinete do JCTSL

Para o cálculo do índice de capacidade, a população é considerada em milhares de pessoas.

Índice de capacidade para o corredor BRTS = 32 * 45* 15,6 / 829 = 20,33

Índice de frequência para o corredor BRTS = 45 (número total de veículos nessa área).
Cobertura do itinerário = número total de paragens / área.

= 26 / 99.14

= 0.26

Pontuação global do PTCI = Pontuação da capacidade + pontuação da frequência + pontuação da cobertura dos autocarros

Corredor BRTS= 20,33 + 45 + 0, 26=65 ,59

Corredor do Metro

Os lugares disponíveis numa carruagem são 120 e há quatro carruagens num metro em Jaipur, pelo que a capacidade de lugares sentados é de 480 pessoas.

Índice de capacidade para o corredor do metro = 480*2* 9,63 / 450 = 20,54

Índice de frequência para o Metro Corridor =66 (número total de tombos de veículos nesse corredor)

área).

Cobertura da rota= 9/ 9,63*21,7= 0,414

Pontuação global PTCI= Pontuação de capacidade do metro + Pontuação de frequência do metro+

Pontuação de cobertura metropolitana= 20,54 + 66 + 0, 414=86 ,954

A pontuação do metro e do BRT mostra que o metro cobre mais secções em comparação com o sistema BRT.

4.5 NÍVEL DE SERVIÇO

De acordo com o MOUD, o Governo da Índia estabelece parâmetros de referência para os sistemas de transporte nas zonas urbanas.

4.5.1Serviços de transporte público

Avaliação das instalações de transportes públicos com base na avaliação comparativa do nível de serviço dos transportes urbanos. Nas instalações de transporte público, todos os seis parâmetros são tidos em consideração, acrescentando detalhes do metro na nova tabela modificada nº. 4.22 abaixo.

Quadro 4.22 Serviços de transportes públicos

Nível de serviço	1. Presença de sistema de transporte público organizado na Área Urbana (%)	2. Grau de disponibilidade da oferta de transportes públicos	3. Cobertura do serviço de transportes públicos	4. Tempo médio de espera dos utilizadores de transportes públicos (minutos)	5. Nível de conforto nos transportes públicos	6. % da frota de acordo com as especificações urbanas
1	>= 60	>= 0.6	>= 1	<= 5	<= 2	75 - 100
2	40- 60	0.4 - 0.6	0.7- 1	5 - 10	2 - 2.5	50 - 75
3	20 - 40	0.2 - 0.4	0.3 - 0.7	10 - 15	2.5 - 3	25 - 50
4	< 20	< 0.2	< 0.3	> 15	>3	<= 25
Nível global de serviço das instalações de transporte público em toda a cidade						
LoS calculado = (LoS 1 + LoS 2 + LoS 3 + LoS 4 + LoS 5 + LoS 6 e identificar o LoS global como indicado a seguir						

Fonte: MOUD, Governo da Índia 2010.

Cálculos:

A capacidade de transporte é igual à capacidade de lugares disponíveis. A carruagem do metro é de 120 lugares, enquanto a capacidade de transporte do autocarro de piso rebaixado utilizado em Jaipur é de 35 lugares. No metro de Jaipur, há 4 carruagens em cada metro e há dois metros em funcionamento, pelo que 120*4*2 = 960. Passando para a capacidade de lugares do autocarro, 1600/35 = 45 (aproximadamente).

Atualmente, os autocarros BRT em funcionamento são 350 dos 364.

Os cálculos da cidade de Jaipur são efectuados no quadro n.º 4.23 abaixo

Quadro 4.23 Cálculo para as infra-estruturas de transportes públicos

1	Serviços de transporte público					
1.1	Presença de um sistema organizado de transportes públicos na zona urbana	Baixa Piso Autocarros	Metro (alteração da capacidade dos autocarros)	Total	%	LOS
	Globalmente todos os Metro + JCTSL 364+ miniautocarro 1900	350	45	2295	17.21	LOS 4
1.2	Disponibilidade de transportes públicos	N.º de autocarros	População total	-	Rácio por 1000 habitantes	
	Corredor BRTS	28	829,756	-	0.033	LOS 4
	Metro	28	450,145	-	0.063	LOS 4
	Outros autocarros	322	1,766,262	-	0.182	LOS 4
	Total	395	3,046,163	-	0.129	LOS 4
1.3	Cobertura do serviço de transportes públicos na área de estudo.	Área do limite de estudo (Km.sq.)	Comprimento total do corredor (Km)		Cobertura de serviços	
	BRTS (I E II)	281	7. 1+8 .5= 15.6		0.055	LOS 4
	Metro	281	9.63		0.034	LOS 4
	Outras rotas	281	753.4		2.681	LOS 1
	Total	281	778.63		2.77	LOS 1
1.4	Tempo médio de espera do utilizador				Em Mins	
	BRTS (I E II)				15	LOS 3
	Metro				5	LOS 1
	Outras rotas				20	LOS 4
	Total					LOS 3
1.5	Nível de conforto (passageiro/assento)		Contagem de passageiros	N.º de lugares	Fator de carga	
	BRTS (I E II)		78	28	3	LOS 4
	Metro		1456	600	2.42	LOS 2
	Total					LOS 3
1.6	% da frota de acordo com as especificações urbanas	Total Unidades	N.º de unidades de acordo com as especificações		% da frota conforme às especificações	
	Autocarros de piso baixo	364	350		96	LOS 1
	Metro	2	2		100	LOS 1
	Total					LOS 1
LOS calculado das instalações de transportes públicos					LOS 16	
Nível de serviço global das infra-estruturas de transportes públicos					LOS 2	

Fonte: Autor

O LoS global de 2 para as instalações de transportes públicos indica que o sistema de transportes públicos da cidade necessita de uma revisão considerável, especialmente para complementar o número de autocarros e expandir a cobertura das rotas, uma vez que muitas partes da cidade ainda estão longe do seu alcance. A frequência dos serviços também precisa de ser melhorada, embora o estudo indique que o sistema fornecido pode ser considerado confortável.

4.5.2Velocidade de deslocação

Avaliação da velocidade de deslocação (motorizada e não motorizada) com base na avaliação comparativa do nível de serviço para os transportes urbanos. Nas instalações de transportes públicos, todos os parâmetros são tidos em consideração, acrescentando os pormenores do metro, e a nova tabela modificada n.º 4.24 é a seguinte

Tabela 4.24 Velocidade de deslocação modificada (motorizada e de transporte coletivo) ao longo dos principais corredores

<table>
<tr><td colspan="3">Nível de serviço</td><td>1. velocidade média de deslocação dos veículos pessoais (KMPH)</td><td>2. Velocidade média de deslocação dos transportes públicos não pertencentes ao corredor BRTS (KMPH)</td><td>3. Velocidade média de deslocação dos transportes públicos BRTS (KMPH)</td><td>4. Velocidade média de deslocação do METRO (KMPH)</td></tr>
<tr><td colspan="3">1</td><td>>= 30</td><td>>= 20</td><td>>=30</td><td>>=60</td></tr>
<tr><td colspan="3">2</td><td>25 - 30</td><td>15 -20</td><td>25-30</td><td>45-60</td></tr>
<tr><td colspan="3">3</td><td>15 - 25</td><td>10 - 15</td><td>15-25</td><td>30-45</td></tr>
<tr><td colspan="3">4</td><td>< 15</td><td>< 10</td><td><15</td><td><30</td></tr>
<tr><td colspan="7">Nível global de serviço da velocidade de deslocação ao longo dos principais corredores em toda a cidade</td></tr>
<tr><td colspan="7">LoS calculado = (LoS 1 + LoS 2) e identificar o LoS global como indicado abaixo</td></tr>
<tr><td>LoS global</td><td>LoS calculado</td><td colspan="5">Comentários</td></tr>
<tr><td>1</td><td>6</td><td colspan="5">Principalmente fluxo livre - movimento a velocidades médias de viagem geralmente cerca de 70% da velocidade de fluxo livre para os principais corredores.</td></tr>
<tr><td>2</td><td>7-12</td><td colspan="5">Um pequeno aumento do tráfego provoca um aumento substancial do atraso na aproximação e, por conseguinte, uma diminuição da velocidade arterial.</td></tr>
<tr><td>3</td><td>13-16</td><td colspan="5">Atrasos significativos nas aproximações e velocidade média de circulação igual ou inferior a 1/3 da velocidade do fluxo livre. Estas condições são causadas por uma combinação de uma ou mais razões, tais como uma elevada densidade de sinais, filas de espera extensas em intersecções críticas e uma temporização inadequada dos sinais.</td></tr>
<tr><td>4</td><td>16-20</td><td colspan="5">Corredores principais com velocidades extremamente baixas, inferiores a 1/3 a 1/4 da</td></tr>
</table>

		velocidade do fluxo livre. É provável que haja congestionamento nas intersecções em locais críticos sinalizados, com atrasos elevados nas aproximações.

Fonte: MOUD, Govt. of India 2010.

O cálculo da velocidade de deslocação (motorizada e não motorizada) encontra-se na tabela em 4.25 abaixo:

Tabela 4.25 Velocidade de deslocação (motorizada e não motorizada)

1	Velocidade de deslocação (motorizada e de transporte coletivo ao longo dos principais corredores)		
21	Velocidade de deslocação do veículo pessoal ao longo dos principais corredores	Velocidade (Km/Hr)	LOS
	Velocidade de deslocação dos veículos particulares		
	No corredor de BRTs	25 -35	LOS 2
	No corredor não-BRTS	20	LOS 3
	Sob o corredor do metro	20 - 25	LOS 3
2.2	Velocidade de deslocação em transportes públicos		
	De autocarro BRTS	25 - 30	LOS 2
	Por autocarro não-BRTS	10 - 15	LOS 3
	Por Metro	45-55	LOS 2
Nível global de serviço de deslocação ao longo dos principais corredores			LOS 3

Fonte: Autor

O nível global de serviço da velocidade de deslocação ao longo do corredor principal é LOS 3, o que significa que existem atrasos significativos nas aproximações e uma velocidade média de deslocação igual ou inferior a 1/3 da velocidade de fluxo livre. Estas condições são causadas por uma combinação de uma ou mais razões, tais como uma elevada densidade de sinais, filas de espera extensas em intersecções críticas e uma temporização inadequada dos sinais.

4.5.3Serviço de Transporte Inteligente

Nesta verificação de referência do nível de serviço, são avaliadas a comunicação, a vigilância, a informação, o geoposicionamento e a integração, e os resultados calculados para o nível de utilização das instalações ITS do sistema de transporte inteligente (ao longo do BRTS e do corredor do metro) são apresentados no quadro n.º 4.26:

Quadro 4.26 Nível de utilização do sistema de transporte inteligente Nível de utilização do sistema de transporte inteligente Instalações

1	Disponibilidade da vigilância do tráfego	Entidades que dispõem de CCTV no corredor de transporte	Total Interstation, paragem de autocarro e estação de metro.	%	LOS
		25	31	80	LOS 1
2	Sistema de Informação de Passageiros (PIS)	Entidades com PIS no Corredor de Transporte	Total Interstation, paragem de autocarro e estação de metro.		
		9	31	29	LOS 3
3	Sistema de Posicionamento Global (GPS)	N.º de autocarros ou metropolitanos com GPRS/GPS	Total de unidades		
		2 (Metro)	30	0.06	LOS 4
4	Sincronização de sinais	N.º de sinais Sincronização	Total de sinais		
		9	31	29	LOS 3
5	Sistema de bilhética integrado			0	LOS 4
Nível global de serviço da utilização do sistema de transporte inteligente				LOS 3	

Fonte: Autor

O nível global de serviço da utilização do sistema de transporte inteligente ao longo dos principais corredores é LOS 3, o que significa que a cidade dispõe de um mínimo de instalações ITS e pode necessitar de melhorias consideráveis em termos de sistema integrado de bilhética, sincronização de sinais, GPS/GPRS, PIS, etc., uma vez que muitas partes da cidade não são servidas por este sistema.

CAPÍTULO: 5 TENDÊNCIAS EMERGENTES E PONTOS DE DISCUSSÃO: UMA PANORÂMICA

5.1 SATISFAÇÃO DOS UTENTES

- No inquérito relativo ao parâmetro satisfação geral, verificou-se que, no caso dos utilizadores do metro, 50% estão satisfeitos, 26% estão insatisfeitos e 24% não têm opinião e, no caso dos utilizadores do BRTS, 28% estão satisfeitos, 52% estão insatisfeitos e 20% não têm opinião
- No inquérito sobre a disponibilidade de lugares, verificou-se que, no caso dos utilizadores do metro, 40% estão satisfeitos, 40% estão insatisfeitos e 20% não têm opinião e, no caso dos utilizadores de BRT, 6% estão satisfeitos, 72% estão insatisfeitos e 22% não têm opinião
- No inquérito sobre a distância curta a pé dos passageiros, verificou-se que 20% dos utilizadores do metro estão satisfeitos, 44% estão insatisfeitos e 36% não têm opinião e que 40% dos utilizadores do BRTS estão satisfeitos, 52% estão insatisfeitos e 8% não têm opinião
- No inquérito sobre a disponibilidade de caminhos pedonais, verificou-se que 34% dos utilizadores do metro estão satisfeitos, 58% estão insatisfeitos e 8% não têm opinião e que 32% dos utilizadores do BRTS estão satisfeitos, 58% estão insatisfeitos e 10% não têm opinião
- No inquérito relativo ao preço dos transportes, verificou-se que 44% dos utilizadores do metro estão satisfeitos, 26% estão insatisfeitos e 30% não têm opinião e que 36% dos utilizadores do BRTS estão satisfeitos, 36% estão insatisfeitos e 28% não têm opinião
- No inquérito sobre o tempo de espera curto, verificou-se que 60% dos utilizadores do metro estão satisfeitos, 20% estão insatisfeitos e 20% não têm opinião e que 2% dos utilizadores do BRTS estão satisfeitos, 84% estão insatisfeitos e 14% não têm opinião
- No inquérito sobre o tempo de viagem curto do Provide, verificou-se que 64% dos utilizadores do metro estão satisfeitos, 8% estão insatisfeitos e 28% não têm opinião e que 18% dos utilizadores do BRT estão satisfeitos, 68% estão insatisfeitos e 14% não têm opinião

- No inquérito sobre segurança a bordo, verificou-se que 72% dos utilizadores do metro estão satisfeitos, 10% estão insatisfeitos e 18% não têm opinião e que 68% dos utilizadores do BRTS estão satisfeitos, 30% estão insatisfeitos e 2% não têm opinião
- No inquérito sobre a limpeza dos veículos e das paragens, verificou-se que, no caso dos utilizadores do metro, 70% estão satisfeitos, 8% estão insatisfeitos e 22% não têm opinião e, no caso dos utilizadores do BRTS, 10% estão satisfeitos, 78% estão insatisfeitos e 12% não têm opinião
- No inquérito sobre a frequência do serviço, verificou-se que, no caso dos utilizadores do metro, 62% estão satisfeitos, 12% estão insatisfeitos e 26% não têm opinião e, no caso dos utilizadores do BRTS, 12% estão satisfeitos, 62% estão insatisfeitos e 26% não têm opinião
- No inquérito sobre a disponibilidade de itinerários para o destino, verificou-se que 6% dos utilizadores do metro estão satisfeitos, 72% estão insatisfeitos e 22% não têm opinião e que 44% dos utilizadores do BRTS estão satisfeitos, 26% estão insatisfeitos e 30% não têm opinião
- No inquérito sobre conforto, durante a viagem, verificou-se que 68% dos utilizadores do metro estão satisfeitos, 6% estão insatisfeitos e 26% não têm opinião e que 18% dos utilizadores do BRT estão satisfeitos, 62% estão insatisfeitos e 20% não têm opinião

5.2 ÍNDICE DE COBERTURA DE TRANSPORTES PÚBLICOS (PTCI)

Para aceder ao índice de cobertura dos transportes públicos, é necessário ter em conta a capacidade de lugares, a frequência e a cobertura da rede. Os resultados calculados mostram que o metro tem mais pontuação do que os serviços BRT. O comprimento do corredor de BRT é aproximadamente o dobro do comprimento do corredor de metro. A pontuação PTCI do metro é elevada devido à sua maior capacidade de transporte e boa frequência em comparação com os serviços BRT.

5.3 ÍNDICE DE ACESSIBILIDADE DOS TRANSPORTES PÚBLICOS

Para aceder ao nível de acessibilidade dos transportes públicos na cidade de Jaipur. O índice de acessibilidade dos transportes públicos foi desenhado utilizando o SIG juntamente com os BRT e o corredor do metro e a fig. n.º 5.1 mostra o mapa de acessibilidade do MRT de Jaipur. 5.1 mostra o mapa de acessibilidade do MRT de Jaipur.

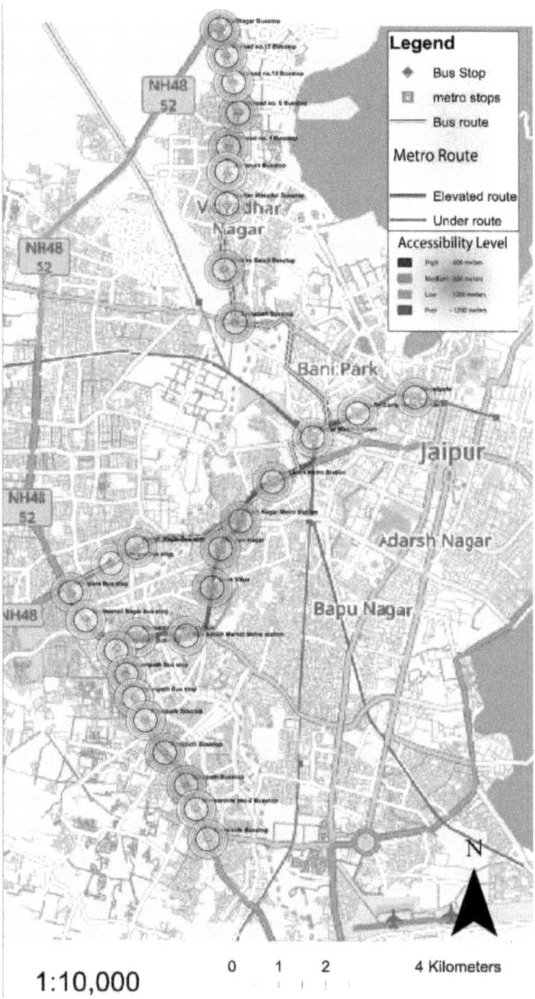

Figura 5.1 Mapa de acessibilidade
Fonte: Autor

Para determinar a acessibilidade da população na zona de influência imediata dos BRTs/metro na cidade de Jaipur, a densidade é sobreposta à acessibilidade ao longo do metro e do corredor BRT. A fig. n. 5.2 mostra o mapa de acessibilidade com a densidade residencial para os bairros adjacentes ao MRT de Jaipur.

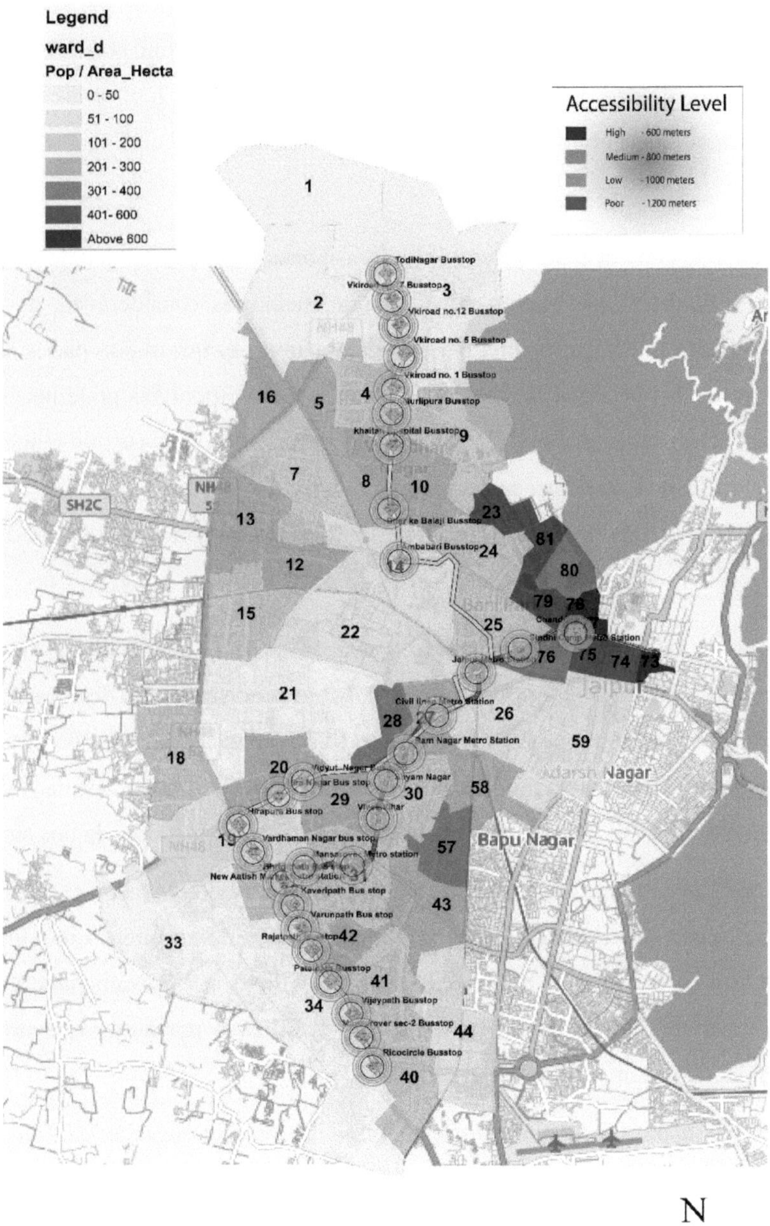

Figura 5.2 Mapa de densidade de acessibilidade

Fonte: Autor

5.4 NÍVEL DE SERVIÇO

A análise dos parâmetros de referência para os sistemas de transportes públicos nas zonas urbanas, de acordo com as diretrizes do MOUD SLB 2010 e do Governo da Índia, e os resultados obtidos são os seguintes

5.4.1 Serviços de transporte público

No que diz respeito aos transportes públicos, as zonas urbanas dispõem de sistemas de transportes públicos que podem necessitar de melhorias consideráveis no que diz respeito à oferta de autocarros/metro e à cobertura, uma vez que muitas partes da cidade não são servidas por estes. A frequência dos serviços disponíveis pode necessitar de melhorias. O sistema disponibilizado é confortável e, com base no inquérito aos utentes, verificámos que é necessário melhorar a frequência dos serviços de autocarros e aumentar a área de cobertura dos serviços, tanto no BRTS como no corredor do metro.

5.4.2 Velocidade de deslocação ao longo do corredor BRTS e do Metro

No âmbito da velocidade de deslocação, verificámos se a velocidade dos transportes públicos apresenta atrasos significativos e se a velocidade média de deslocação é igual ou inferior a 1/3 da velocidade de circulação livre. Estas condições são causadas por uma combinação de uma ou mais razões, tais como a elevada densidade de sinais, filas de espera extensas em intersecções críticas e temporização inadequada dos sinais.

A sinalização prioritária do BRTS não é feita ao longo do corredor e, na fase 2 do BRTS, em cada 600 metros há um cruzamento e, devido ao intenso movimento de veículos privados ao longo do corredor, atrasa o fluxo nos cruzamentos. O espaço dedicado aos serviços públicos de autocarros é utilizado por autocarros privados e governamentais e por serviços de emergência.

5.4.3 Serviço de transporte inteligente (ao longo do corredor BRTS e MRTS)

De acordo com a análise efectuada, a cidade dispõe de um mínimo de instalações de ITS e pode necessitar de melhorias consideráveis em termos de sistema integrado de bilhética, sincronização de sinais, GPS/GPRS, PIS, etc., uma vez que muitas partes da cidade não são servidas por este sistema.

Todos os principais cruzamentos são vigiados pela RTO para controlar o fluxo de tráfego, mas não há informações sobre os passageiros, nem GPS nos autocarros para saber a hora de chegada ou o atraso em qualquer paragem, nem um sistema integrado de emissão de bilhetes entre os diferentes meios de transporte público. Não há informações em tempo real sobre os autocarros nas paragens. Ao mesmo tempo, a estação de metro dispõe de informações em tempo real e podemos ver o tempo de espera. Os serviços de BRTS e de metro carecem de um sistema de bilhética integrado entre ambos e outros modos de transporte IPT.

Com base no estudo, as áreas identificadas a melhorar são a melhoria da conceção da paragem de autocarro, o aumento da frequência do transporte por autocarro e a diferenciação da frequência para diferentes horas do dia. É também necessário reduzir o tempo de espera nos transportes e nos serviços de alimentação, juntamente com as soluções TIC. Além disso, para aumentar a utilização dos transportes públicos, é necessário prever um percurso pedonal para todas as paragens de autocarro até às estradas internas e, para aumentar a fiabilidade, é possível fornecer aos passageiros informações em tempo real.

CAPÍTULO: 6 CONCLUSÃO E RECOMENDAÇÕES

6.1 CONCLUSÃO

O estudo foi realizado para aceder ao sistema de transportes públicos rápidos de massa na cidade de Jaipur. Após consulta da literatura, foram identificados vários parâmetros de avaliação, nomeadamente a satisfação do cliente, a acessibilidade, a cobertura, as instalações de transportes públicos, o sistema de transportes inteligente e a velocidade de deslocação na área de estudo.

6.2 SOBRE OS RESULTADOS DO ESTUDO

Verificou-se que os BRTs têm uma pontuação PTCI baixa, não têm disponibilidade de lugares, aumentam o tempo de espera, têm disponibilidade de caminhos pedonais, têm uma menor frequência de autocarros, são limpos e estão seguros a bordo contra roubos. Há problemas com a conceção das paragens de autocarro, uma vez que os passageiros têm de atravessar a estrada para chegar à paragem.

Os indicadores e índices analisados para criticar o desenvolvimento das redes de transportes públicos em toda a cidade revelam um baixo nível de serviço, frequência e capacidade de cobertura dos autocarros e das rotas, a inexistência de um sistema de transportes inteligente e a falta de segurança nas imediações das paragens de autocarros, bem como uma rede pedonal reduzida e a concorrência dos modos IPT (transportes públicos intermédios).

Verifica-se que o Metro tem uma pontuação PTCI elevada e que os seus serviços estão subutilizados. Está a funcionar abaixo da sua capacidade. Tem menos tempo de espera, maior frequência, é seguro e limpo, mas tem problemas com a disponibilidade de caminhos pedonais e de rotas de destino.

Os transportes públicos são compostos por utilizadores de BRT e de metro na cidade de Jaipur. Ambos os meios de transporte público precisam de ser racionalizados e ligados entre si para aumentar a sua eficiência.

6.3 PROPOSTAS

Avaliação contínua da qualidade do serviço de transporte numa perspetiva diferente.

Uma entidade separada e unificada para o planeamento e operação dos transportes públicos do JCTSL, BRTS e Metro. Utilização de mini-autocarros e de sistemas de transportes públicos intermédios para melhorar a utilização do BRTS e do Metro. É necessário redirecionar estes modos de transporte público. A duplicidade de percursos ao longo do corredor do metro deve ser eliminada, sendo necessário reencaminhar os modos de transporte público.

Reduzir o tempo de viagem através da aceleração

- Sinal de Priories para caminhar e transportes públicos.
- Aplicação de multas pesadas a outros veículos que entram no corredor BRTS e atravessam os sinais.
- Barreira física

Aumentar a fiabilidade do serviço

- Sinalização adequada
- Sistema de luzes para indicar a capacidade Transporte público

Sistema de transporte inteligente

- GPS
- Ecrã digital na paragem ou nas estações
- Localização do veículo e tempo previsto de chegada.
- Indicação Tempo de paragem.
- Vigilância CCTV , Monitorização em tempo real para segurança e proteção nas paragens, estações e intersecções

Comodidades da paragem ou da estação.

- Um caminho pedonal ou sobre pontes ou vias não subterrâneas até às paragens e estações.
- Diferentes tipos para diferentes tipos de autocarros.

- Facilidade de estacionamento, como o munrika em Deli.
- Lojas de artigos necessários e bebidas perto das paragens.

Facilidade de guarda de bagagens em estações de trânsito como estações ferroviárias, estações comerciais, etc. Sistema integrado de bilhetes com modos IPT.

6.4 RECOMENDAÇÃO

A investigação sobre a avaliação do sistema de transporte público precisa de desenvolver mais os critérios de avaliação, tendo em conta o cenário indiano em que as rotas são concebidas para o sistema multimodal.

Além disso, a investigação atual tem em conta apenas o BRTS e o Metro como sistema de transporte público, enquanto existem muitos modos informais de transporte público, ou seja, mini-autocarros, tempo, riquexó elétrico, táxi partilhado.

As razões foram concluídas do ponto de vista do viajante, e é eficaz, enquanto que o contributo das partes interessadas não foi tido em conta.

BIBLIOGRAFIA

Abu, N.K., 2004. Dimensões da qualidade do serviço: A study on various sizes of grocery retailers - A concetual paper. *Actas do IBBC,* pp.633-642.

Adebola, O., Samuel, O., Feyisola, A. e Eno, O. (2014) 'An Assessment of Public Transport Security and Safety : An Examination of Lagos Bus Rapid Transit (BRT), Nigeria', *Journal of Civil Engineering and Environmental Technology PrintCivil and Environment Research,* 6(4), pp. 105-117.

Adewumi, E. e Allopi, D. (2013) "Critical Assessment of Cape Town BRT System", *International Journal of Engineering and Innovative Technology,* 3(1), pp. 496-499.

Advani, M., Tiwari, G. e Programme, I. P. (2005) "EVALUATION OF PUBLIC TRANSPORT SYSTEMS : CASE STUDY", *Transportation Research & Injury Prevention,* (2003), pp. 1-8.

Ahferom, M.T. e Svensson, M.G., 2009. Avaliação da sustentabilidade de um sistema de trânsito rápido de autocarros (BRT): O caso de Dares Salaam, Tanzânia. *Tese de mestrado não publicada). Universidade de Lund, Suécia.*

Badami, M. G. e Haider, M. (2007) "An analysis of public bus transit performance in Indian cities", *Transportation Research Part A: Policy and Practice*, 41(10), pp. 961-981. doi: 10.1016/j.tra.2007.06.002.

Basorun, J.O. e Rotowa, O.O., 2012. Avaliação regional das operações de transportes públicos nas cidades nigerianas: O caso da ilha de Lagos. *Jornal Internacional das Sociedades em Desenvolvimento, 1*(2), pp.82-87.

Beirao, G. e Cabral, J.S., 2007. Compreensão das atitudes face ao transporte público e ao automóvel particular: Um estudo qualitativo. *Política de transportes, 14*(6), pp.478-489.

Benenson, I., Martens, K., Rofe, Y. e Kwartler, A., 2011. Public transport versus private car GIS-based estimation of accessibility applied to the Tel Aviv metropolitan area. *The Annals of Regional Science, 47*(3), pp.499-515.

Bhat, C., Handy, S., Kockelman, K., Mahmassani, H., Chen, Q. e Weston, L., 2000. Índice de acessibilidade urbana: revisão da literatura. *Centro de Investigação em Transportes, Universidade do Texas em Austin, Springfield.*

Bhat, C.R., 2000. Desenvolvimento de um índice de acessibilidade urbana: Revisão da literatura.

Burns, R.B., 1979. O auto-conceito na teoria, medição, desenvolvimento e comportamento.

Bhoomi, P. e Trishna, M. (2015) 'A Study on Future Preferences & Satisfaction Level of BRTS Customers with Special Reference to Ahmedabad City', *International Journal of Scientific Researchternational Journal of Scientific Research,* 4(6), pp. 527-529.

Bocarejo S, J.P. e Oviedo H, D.R., 2012. Acessibilidade aos transportes e desigualdades sociais: uma ferramenta para a identificação das necessidades de mobilidade e avaliação dos investimentos em transportes. *Revista de Geografia dos Transportes, 24,* pp.142-154.

Bok, J. e Kwon, Y. (2016) 'Comparable Measures of Accessibility to Public Transport Using the General Transit Feed Specification', *Sustainability,* 8, p. 224. doi: 10.3390/su8030224.

Chanda, B. K., Sai, M. e Goutham, S. (2014) "Introdução à seleção e avaliação de corredores para o Sistema de Trânsito Rápido de Autocarros (BRTS) em Hyderabad", *American Journal of Engineering Research (AJER),* 3(6), pp. 242-246. doi: 10.1016/j.tranpol.2016.12.002.

Chein, J.-H., LC, Y., Chein, H.-P. and O, C.-L. (2010) 'The Service Quality Analysis of Public Transportation System using PZB Model- Dynamic Bus Information System', *Computers and Industrial Engineering (CIE),* 40th Inter(July 25), pp. 1-5.

Chen, X., Yu, L., Zhang, Y. e Guo, J. (2009) 'Analyzing urban bus service reliability at the stop , route , and network levels', *Transportation Research Part A.* Elsevier Ltd, 43(8), pp. 722-734. doi: 10.1016/j.tra.2009.07.006.

Diana, M. e Idraulica, D. (2010) "Performance Indicators for Urban Public Transport

Systems With a Focus on Transport Plicy Effectiveness Issues", *12.ª CM,* pp. 1-25.

Debnath, A.K., Chin, H.C., Haque, M.M. e Yuen, B., 2014. Um quadro metodológico para a avaliação comparativa de cidades de transportes inteligentes. *Cities, 37,* pp.47-56.

Fornell, C. e Yi, Y., 1992. Assumptions of the two-step approach to latent variable modeling (Pressupostos da abordagem em duas fases da modelação de variáveis latentes). *Sociological Methods & Research, 20*(3), pp.291-320.

Flint, D.J., Blocker, C.P. e Boutin, P.J., 2011. Antecipação do valor do cliente, satisfação e lealdade do cliente: An empirical examination. *Industrial marketing management, 40*(2), pp.219-230.

Fornell, C. e Yi, Y., 1992. Pressupostos da abordagem em duas fases: Reply to Anderson and Gerbing. *Sociological Methods & Research, 20*(3), pp.334-339.

Gahlot, V., Swami, B. L., Parida, M. e Kalla, P. (2013) 'Availability and Accessibility Assessment of Public Transit System in Jaipur City', *International Journal of Transportation Engineering,* 1(2), pp. 81-91.

Geurs, K.T. e Van Wee, B., 2004. Accessibility evaluation of land-use and transport strategies: review and research diretions (Avaliação da acessibilidade das estratégias de utilização do solo e dos transportes: revisão e direcções de investigação). *Journal of Transport geography, 12*(2), pp.127-140.

Giese, J.L. e Cote, J.A., 2000. Defining consumer satisfaction. *Academy of marketing science review, 2000,* p.1

Hansen, W.G., 1959. How accessibility shapes land use. *Journal of the American Institute of planners, 25(2),* pp.73-76.

Hajduk, S. (2016) "Assessment of urban transport - a comparative analysis of selected cities by taxonomic methods", *International society for maufacturing service and Managment engineering,* 8(4), pp. 67-74. doi: 10.1515/emj-2016-0034.

Hongyang, W. U. (2013) "Metodologia de avaliação da operação de trânsito rápido de autocarro (brt)", *Journal of Theoretical and Applied Information Technology 28th,*

48(3).

Jakimavicius, M. e Marija, B. (2013) "Multiple criteria assessment of a new tram line development scenario in Vilnius city public transport", *Transport,* 28(4), pp. 431- 437. doi: 10.3846/16484142.2013.869253.

Jao-Hong, C., Yuan, L.C., Huei-Ping, C. e Chun-Liang, O., 2010, julho. A análise da qualidade de serviço do sistema de transportes públicos utilizando o modelo PZB - Dynamic bus information system. Em *Computadores e Engenharia Industrial (CIE), 2010 40th International Conference on* (pp. 1-5). IEEE.

Kumar, V. S. S. and Scholar, M. T. (2013) 'Accessibility Analysis To Public Transport - a Case Study of Thiruvananthapuram City', *International Journal of Innovative Research in Science, Engineering and Technology An,* 2(1), pp. 326-336. Disponível em: www.ijirset.com.

Kumar, V. S., Kumar, V. R. e Rao, M. K. (2016) 'PRELIMINARY ASSESSMENT OF BUS RAPID TRANSIT SYSTEM FOR URBAN ROADS', *International Journal For Technological Research in Engineering*, 4(3), pp. 439-443.

Khanna, P.N. e Khanna, P.N., 1987. Indian practical civil engineers handbook.

Linghong Zou, Hongna Dai, Enjian, Yao Tian Jiang, H. G. (2014) "Research on Assessment Methods for Urban Public Transport Development in China", *Computational Intelligence and Neuroscience*, 2014, pp. 2-8.

Maparu, T. S. e Pandit, D. (2010) "A Methodology for Selection of Bus Rapid Transit Corridors: A Case Study of Kolkata", *Institute of Town Planners, India Journal*, 7(4), pp. 21-36.

Mavoa, S., Witten, K., McCreanor, T. e O'sullivan, D., 2012. Acessibilidade de destino baseada em SIG através de transportes públicos e a pé em Auckland, Nova Zelândia. *Journal of Transport Geography, 20*(1), pp.15-22.

Merahi, T.A., 2009. Avaliação da sustentabilidade de um sistema de Bus Rapid Transit (BRT). *O caso de Dar es Salaam, Tanzânia.*

Metaxiotis, K., 2013. Sistemas de gestão das relações com os clientes nas empresas:

12 anos de investigação e prática 2000-2012. *Avanços recentes em Ciência da Informação,* p.430.

Mganga, J., 2013. Implementação da Gestão da Qualidade Total nas Pequenas e Médias Empresas da Tanzânia: A Phenomenological Study.

Mishra, A., Kumar, S. A. e Pradeep, P. (2013) 'Study of Bus Rapid Transit system In Respect to Growing Cities of India', *nternational Journal of Engineering Research & Technology (IJERT),* 2(10), pp. 1378-1383.

Morris, J.M., Dumble, P.L. e Wigan, M.R., 1979. Indicadores de acessibilidade para o planeamento dos transportes. *Transportation Research Part A: General, 13(2),* pp.91-109.

Murray, A.T., 2003. Um modelo de cobertura para melhorar a acessibilidade do sistema de transportes públicos e expandir o acesso. *Annals of Operations Research, 123(1),* pp.143156.

Munteanu, A., 2010. Conceptualizing and composing tourism accessibility. *Lucrarile Seminarului Geografic "Dimitrie Cantemir", 30*(30).

Niyonsenga, D., 2012. Avaliação da oferta de transportes públicos em Kigali. *Ruanda, uma tese de mestrado não publicada apresentada à Faculdade de Ciências da Geoinformação e Observação da Terra, Universidade de Twente.*

Oliver, R.L., Rust, R.T. e Varki, S., 1997. Customer delight: foundations, findings, and managerial insight. *Journal of retailing, 73*(3), pp.311-336.

Olivkov, I. (2016) "Evaluation of Quality Public Transport Criteria in Terms of Passenger Satisfaction", *Transport and Telecommunication,* 17(1), pp. 18-27. doi: 10.1515/ttj-2016-0003.

Olszewski, P. e Krukowski, P., 2012. Avaliação quantitativa de intercâmbios de transportes públicos. Na *40.ª Conferência Europeia dos Transportes, Glasgow.*

Panchore, V. (2016) 'Performance Evaluation of BRTS', *International Journal of Science Technology & Engineering,* 2(11), pp. 509-512.

Pina, V. e Torres, L., 2001. Análise da eficiência da prestação de serviços da administração local. Uma aplicação aos transportes públicos urbanos. *Transportation Research Part A: Policy and Practice, 55*(10), pp. 929-944.

Putra, A.A., Jinca, M.Y., Riyanto, B. e Mulyono, A.T., 2014. A Análise de Satisfação para o Desempenho das Áreas Urbanas de Transporte Público. *Revista Internacional de Engenharia e Ciência, 5*(8), pp.38-44.

Singh, S., 2016. Avaliação da satisfação dos passageiros com os serviços públicos de transporte por autocarro: Um estudo de caso da cidade de Lucknow (Índia). *Studies in Business and Economics, 11*(3), pp.107-128.

Singh, A. P., Sharma, A. K., Singh, V. e Sharma, A. (2014) 'Analysis of customer ' s satisfaction in public transport using fuzzy logic for Bhopal City', *International Journal of Engineering and Technical Research,* 2(12), pp. 272-275.

Shekhar, S. e Singh, M. (2014) 'Assessment of Urban Transport in Medium Towns', *Journal of Civil Engineering and Environmental Technology,* 1(2), pp. 1922.

Starkey, P. (2007) 'A Methodology for Rapid Assessment of Rural Transport Services', *SSATP Africa Transport,* (87), p. 94. Disponível em: https://www.ssatp.org/sites/ssatp/files/pdfs/Toolkits/SSATPWP87 -A[1].pdf.

Sulieman, A., 2013. Dimensões básicas do (modelo SERVQUAL) e seu impacto no nível de satisfação do cliente: um estudo empírico do banco de habitação em Karak, Jordânia. *Revista Científica Europeia, ESJ, 9(1)*

Tyrinopoulos, Y. e Aifadopoulou, G. (2008) "A complete methodology for the quality control of passenger services in the public transport business", *European Transport,* 38, pp. 1-16.

Verbich, D., Badami, M. G. e El-geneidy, A. M. (2016) "Bang for the buck: Toward a rapid assessment of urban public transit from multiple perspectives in North America", *Transport Policy.* Elsevier, (dezembro), pp. 1-11. doi: 10.1016/j.tranpol.2016.12.002.

Wallace, D.W., Giese, J.L. e Johnson, J.L., 2004. Customer retailer loyalty in the context of multiple channel strategies. *Journal of retailing, 80(4),* pp.249-263.

Watari, K. e Gao, W. (2014) 'Present Assessment of Public Traffic System Based on GIS in Kitakyushu', *Open Journal of Civil Engineering,* 4(December), pp. 397405.

Yamin, M., Riyanto, B. e Taufik Mulyono, A. (2014) 'A Análise de Satisfação para o Desempenho das Áreas Urbanas de Transporte Público', *International Refereed Journal of Engineering and Science (IRJES) ISSN (Online),* 3(8), pp. 2319-183. Disponível em: http://www.irjes.com/Papers/vol3-issue8/Vesion 1/F383844.pdf.

Yigitcanlar, T., Sipe, N., Evans, R. e Pitot, M., 2007. A GIS-based land use and public transport accessibility indexing model. *Australian planner, 44*(3), pp.30-37.

MIX
Papier aus verantwortungsvollen Quellen
Paper from responsible sources
FSC® C105338

Printed by Books on Demand GmbH, Norderstedt / Germany